突破：工业革命之道

1700—1860 年

突破：工业革命之道
1700—1860 年

［英］西蒙·富迪　著
董晓怡　译

中国科学技术出版社
·北　京·

卷首插图：当斯米顿灯塔在19世纪末被取代时，它的固有强度意味着不可能将整个建筑全部拆除。150年后，斯米顿灯塔的残留建筑仍旧存在。这张早期的明信片记录了当前仍在服役的灯塔刚建成没多久的样子，旁边是斯米顿灯塔的残存建筑。

议会图书馆

图书在版编目（CIP）数据

突破：工业革命之道 1700—1860 年 /（英）西蒙·富迪著；董晓怡译．—北京：中国科学技术出版社，2020.11

书名原文：100 Innovations of the Industrial Revolution：From 1700 to 1860
ISBN 978-7-5046-8789-0

Ⅰ. ①突… Ⅱ. ①西… ②董… Ⅲ. ①科学技术—技术史—世界— 1700-1860 —普及读物 Ⅳ. ① N091-49

中国版本图书馆 CIP 数据核字（2020）第 174723 号

著作权合同登记号：01-2019-6262

策　　划　秦德继
责任编辑　单　亭　汪莉雅　陈　璐
封面设计　赵　亮
责任校对　吕传新
责任印制　马宇晨

出　　版　中国科学技术出版社
发　　行　中国科学技术出版社有限公司发行部
地　　址　北京市海淀区中关村南大街16号
邮　　编　100081
电　　话　010-62173865
网　　址　http://www.cspbooks.com.cn

开　　本　787mm × 1092mm　1/16
字　　数　230千字
印　　张　13.5
印　　数　1-5000册
版　　次　2020年11月第1版
印　　次　2020年11月第1次印刷
印　　刷　北京博海升彩色印刷有限公司
书　　号　ISBN 978-7-5046-8789-0 / N · 273
定　　价　78.00元

目录

前　言

通常生命的周期很容易界定：出生和死亡，一个生命在两者之间。但是一项运动，一个人或物的影响，更令人惊奇的是甚至发明的起始和终止都很难明确地划分。与工业革命不可分割的启蒙运动就是一个很好的例子。所谓的理性时代是如法国人认为的始于 1715 年呢，还是源于更早的 17 世纪的科学革命，抑或是从 1543 年哥白尼发表《天体运行论》（*On the Revolutions of Heavenly Spheres*）算起呢？牛顿的《原理》（*Principia*）是应该作为科学运动的终结呢，还是应该作为理性时代的开端？我们很容易被这类问题缠绕，特别是当我们探讨工业革命的时候。威利·勃兰特有一段贬低德意志民主共和国的著名言论。他指出：德意志民主共和国“既不是德国，也不是民主国家或共和国”。与之类似，工业革命也从来不是仅仅同工业相关或是简单的革命。它没有可定义的起点和终点。至于谁发明了什么，当牵扯到专利、诉讼和国家荣耀这个大泥潭时，即使看上去很明了的事情也可能隐藏着更为微妙的事实。

煤溪谷位于什罗普郡的塞文河峡谷是工业革命时期的繁荣中心。图片的中心是一座铁桥。冒着白烟的地方是已经废弃的发电厂。沿着峡谷再向上是彼得沃森村。
英格兰遗产／文化遗产图库／华盖创意

既然有这么多的问题要考虑，作者就必须为本书决定一个基本的框架。我们的开篇很容易确定，时间定在 1709 年，中心人物是亚伯拉罕·达比，事件的发生地位于煤溪谷。那么我们都应该包含哪些条目呢？这个问题恐怕没有正确或错误的答案，毕竟条目的选择很大程度依赖于作者的兴趣、知识和突发奇想。是不是涉及太多的铁路？是不是没有包含足够的建筑？内容太亲英？这里我要对可能的遗漏或内容的不平衡致歉。工业考古

学的具体实例遍布英国各地，多谢帕特里克·胡克博士在技术方面的帮助，我尝试将机械技术的进步与今日仍可见的元素结合起来。

正如书中第一条目所述，如果没有铁，大部分的发明和我们将要谈到的地点都不会存在。没有焦炭，或者首先是没有煤，就不会有强度和产量足够的铁来制造书中提到的大桥、自行车等建筑和产品。没有蒸汽动力，铁厂只能使用水动力，但是水动力总是会起伏波动，很难持续地保持足够强大的能量输出。本书前八个条目中的五个将涉及上述问题。

书中还有不少其他主题贯穿全书，并且暗示了主题的选择：1709 年的英国是一个农业社会。畜牧业是一些人的财富来源，也是很多人的生计来源。不出所料，这个方面的革新在 18 世纪的发明中占有重要一席。英国也一直受到纺织业的控制和束缚。中世纪科茨沃尔德的羊毛教堂和约克郡的大修道院靠羊毛产业来修建是多年来不争的事实，上议院的议长更是坐在羊毛袋（Woolsack）上。一旦棉花产业在兰开夏郡占领了主导地位，它将在一个世纪甚至更长时间内主导英国的生产力。书中提到的很多项发明和其地名用来研究占英国劳动力市场十分之一的这个行业的方方面面，包括丝绸、亚麻和亚麻布。正是纺织业制造能力的提升引领着能源、精密机械、交通，当然还有工厂以及相关的所有社会因素的发展。

最早的贝塞麦转炉出现在 19 世纪中叶。它可以消耗很少的时间和人力将生铁转化为钢。充足的钢产量满足了当时铁路建设爆发式发展的需要。 议会图书馆

在机械化普及之前，家庭工人手工纺纱赚取微薄的收入。

nypl.digitalcollections

大凡只要是以工业革命为主题的书，任何一本都不可能不涉及交通和通信问题：运河、铁路、机车、桥、隧道——18世纪和19世纪英国乃至整个世界的交通和通信速度都大幅提升。尽管英国人希望能保持技术发展和工业领先的地位，但是改善的通信技术意味着小精灵们会时不时地从瓶子里跳出来给全世界通风报信。

这幅画绘制于19世纪初。图中的牙买加奴隶正在往袋子中装棉花。轧棉机的发明导致了棉花种植园的增长，进而促使了对务农奴隶的需求。

议会图书馆

18世纪以前，大部分的科学发现是由纯粹的科学而非实践活动驱动的。事实上，很多人认为科学和早期的工业革命没有关系，尽管化学的进步对纺织业有直接的影响。从许多方面看来，我们所定义的工业革命就是一个科学和理性相结合的时期，在这个时期，很多以前无法实现的机制和结构都成为可行和实用的现实。科学革命，尽管基于实验，但是主体是抽象的，就如同启蒙运动关注的是哲学和思想一样。之所以命名为工业革命，可能是因为在此之前英国是一个农业国，大部分人依靠土地生存；而在此之后生活在城市，在黑暗而又邪恶的工厂中做工成为趋势。不过，工业革命主要关心的都是实际问题：机械化、大规模生产、制造业。你可以在大脑中任意地思考关于个人交通的哲学问题，但是只有真的找到脚踏板驱动轮子的方式，你才有了一辆自行车。

工厂的发展，例如在谢菲尔德的那些铁厂，吸引了来自农村的人们进入城镇，促进了英国有史以来最大规模的人口迁移。

议会图书馆

所以，这本书的起始点和范围还是很容易确定的，那么它应该在哪里结束呢？一个很好的结束点是1851年的万国工业博览会，但是我还是想展示工业革命对全球的影响。有什么比跨大西洋电缆和苏伊士运河更好的呢？它们连接了大英帝国和讲英语的地区，也对我们现在生活的世界做出巨大贡献。历史学家认为工业革命的第一个高潮大概结束在1860年，那个时期不管是成功还是失败都显而易见：无利可图的工业，不必要修建的运河和铁路以及已经被超越的创

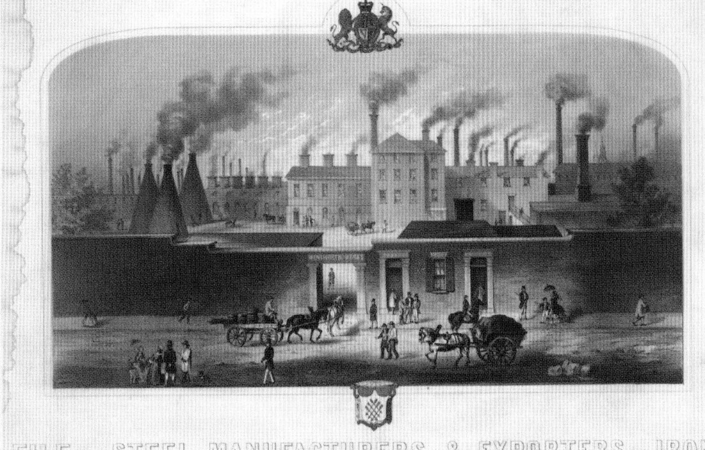

俄亥俄州克利夫兰市惠蒂尼自动研磨机厂研磨车间的影像。更精确的工程技术带来机床的改良和可互换零配件的生产，从而促进了工厂的发展和机械化的推广。

美国国家档案馆

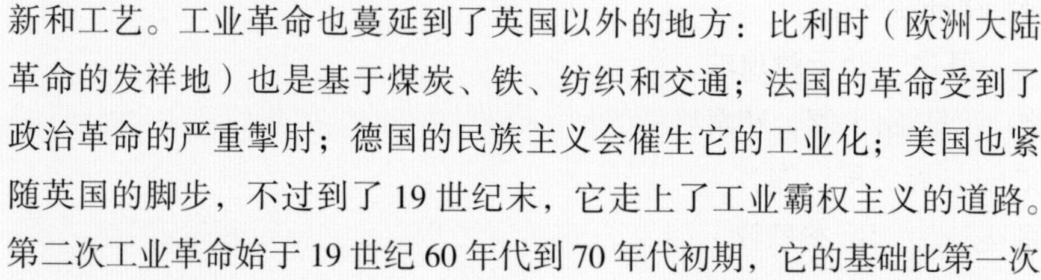

新和工艺。工业革命也蔓延到了英国以外的地方：比利时（欧洲大陆革命的发祥地）也是基于煤炭、铁、纺织和交通；法国的革命受到了政治革命的严重掣肘；德国的民族主义会催生它的工业化；美国也紧随英国的脚步，不过到了 19 世纪末，它走上了工业霸权主义的道路。第二次工业革命始于 19 世纪 60 年代到 70 年代初期，它的基础比第一次工业革命更为广泛，有些人甚至认为它现在还在继续。

从我们开始阅读有关工业革命的内容那一刻起，就有两个事情是显而易见的。首先，就是个人和财富的重要性，工业革命是关于金钱的。它是由富有的人或拥有大量货物的人以及希望创造财富的人推动的。其中有些人比如泰特斯·索尔特和约翰·威尔金森等可能尝试照顾自己的工人，但是大部分

杰思罗·图尔的播种机。这幅图出自图尔 1731 年出版的《新马锄牧业》。书中介绍了他的农业系统和新的播种机。虽然图尔的想法直到一个世纪后才被广为接受，但是它却带来了一场农业的革命。

维基共享

1851 年，万国工业博览会在伦敦的海德公园举行。它展示了工业革命的很多创新成果。

维基共享

却只是乐于积攒财富。同样地，投资者们的目的也不是慈善，他们追求的都是盈利。

其次，处于最顶端的那些人不只是发明家，尽管他们很有创造力。他们都是实干家，花费毕生精力把事情做好。詹姆斯·瓦特、莫兹利、斯蒂芬森父子、布鲁内尔父子：这些名字不断出现。举两个不同时代的先驱为例：杰思罗·图尔（1674—1741）和“铁疯子”约翰·威尔金森（1728—1808）。

杰思罗·图尔因为他的播种机和对农业的执着而闻名。他曾经是一位在牛津大学和格雷律师学院学习的绅士，如果不是因为疾病原因，

1853 年，纽约举行了万国工业博览会。一方面展示了世界各地最新的发明和创新理念，另一方面也是宣扬美国作为新兴工业化国家的国家荣耀。有超过一百万人参观了展览。

议会图书馆

他很有可能从事政治或法律工作。像他的父亲那样，他成为了一名农民。图尔很快意识到手工播种的效率十分低下，于是他下定决心要找到提高效率的办法。首先他去书中寻找答案，而后又自己发明了一台播种机，但是都没有成功。不过，在环游欧洲旅行结束回到家里后，他完善了自己的机器。1731 年他出版了一本名为《新马锄牧业》(*New Horse Hoeing Husbandry*) 的书，描述了他的播种机的原理。尽管当时颇具争议也没有被广泛接受，但是随着时间的推移，图尔的理论得到了证实，他的播种机也变得常见了。约翰·威尔金森来自一个不墨守成规的家庭。他的妹妹嫁给了科学家兼政治理论学家约瑟夫·普里斯特利。1755 年，完成了同利物浦商人的学徒合同，威尔金森来到威尔士雷克瑟姆加入了父亲艾萨克工作的伯沙姆铸造厂。1757 年作为初级合伙人和技术经理，他在什罗普郡的威利建造了一座高炉。他的职业生涯跌宕起伏，当他去世时留下了相当于现在 900 万英镑的财产。随后他的家人就遗产问题开始争论不休，就像狄更斯的小说情节一般精彩，最后大部分钱财都消耗在了律师费里。我认为威尔金森的一生是工业革命的缩写，而他的财产的命运则是维多利亚时期社会的真实写照。他的主要成就、活动和努力如下：

■ 1768 年，威尔金森建造了一座可以更加有效生产焦炭的焦炉。

■ 他的一生大部分时间都花在卖铁制品上，所以得了一个“铁疯子”的绰号，他被葬在一个铁棺材里，他的坟墓上是铁制的方尖碑。当时英国皇家海军决定他们的船只必须是铜底以防止污染，于是他买入了康沃尔铜矿的股份。他与“铜王”托马斯·威廉姆斯的合作，促使威尔金森购买了帕瑞山莫纳矿和威廉姆斯工业的一部分股份。威尔金森和威廉姆斯的公司是最早发放交易代币的公司之一。1785 年他们成立了康沃尔金属公司开始销售铜。为了提供交易代币服务，约翰·威尔金森与伯明翰、比尔斯顿、布拉德利、布莱姆博、什鲁斯伯里的银行都建立了合作关系。

森林河铅业公司成立于 1840 年，主要生产铅板。

议会图书馆

■ 他购买了位于雷克瑟姆密涅拉的铅矿，并用蒸汽泵发动机清除水中的铅。他的铅管道工作主要在伦敦的罗瑟里瑟。

■ 1774 年，他申请了铸造和钻孔大炮的新方法的专利，随后又申请了蒸汽机气缸的专利。

■ 1775 年，他在推动建造什罗普郡著名铁桥中发挥了重要作用，1777 年他把自己的股份卖给了亚伯拉罕·达比三世。

■ 1776 年詹姆斯·瓦特在威尔金森家暂住，同时把他的第二辆蒸汽发动机放在了威尔金森在布洛塞利的工厂里。

■ 1787 年，他在布罗塞利建造了第一艘铁驳船。驳船将铁条沿运河运到伯明翰焊接。

■ 从 1778 年开始，他为巴黎水厂制作了铁制的管道。

■ 到了 1796 年，威尔金森生产的铸铁量占英国总铸铁量的八分之一。

“铁疯子”约翰·威尔金森的肖像。在他 80 岁去世时，他建造了桥梁，投资了运河和铜矿，他成立了银行为自己铸造钱币。他认识所有重要的人物，其中就包括约瑟夫·班克斯和本杰明·富兰克林。也许更重要的是他资助了很多创新者。

雷克瑟姆博物馆和档案馆服务中心

1796 年 5 月 14 日，詹纳为一位名为詹姆斯·菲普斯的 8 岁男孩注射了第一支疫苗。工业化使得人们的居住环境更易致病。曾经洁净的空气被有毒的化学物质污染，河流和溪流（通常已经被未经处理的污水所污染）在很多情况下因为工业废水的排放而被污染得更为严重。天花是最具毁灭性的疾病之一，詹纳因为发现了针对天花的疫苗而被称为“免疫学之父”。

韦尔科姆收藏馆

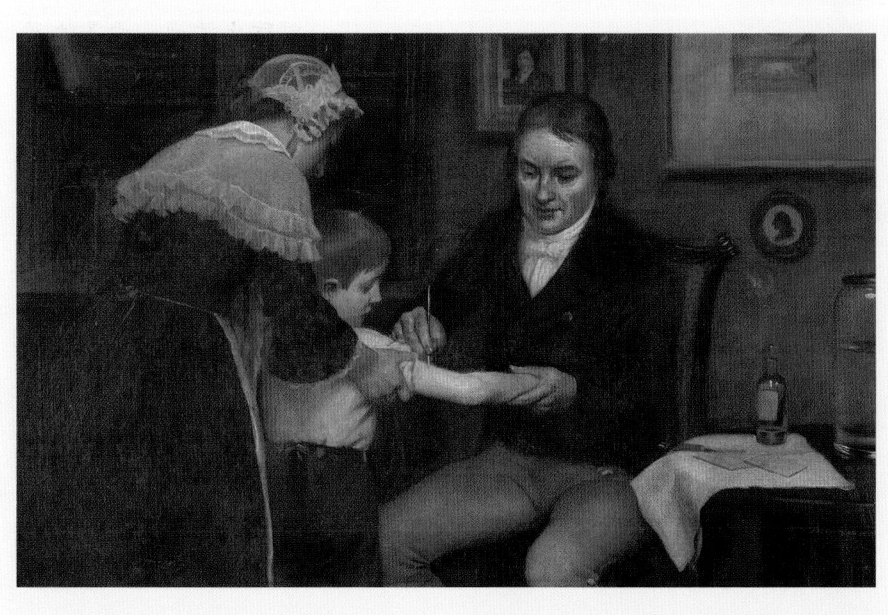

1. 铸铁厂

亚伯拉罕·达比 ——什罗普郡，英格兰 ——1709 年

煤溪谷保存至今的亚伯拉罕·达比高炉。上部的过梁显示日期是 1777 年，很可能是当时用于铁桥建造时被加粗的结果（见第 54 页，24. 铁桥）。下面的日期有些不确定。现在显示的日期是 1638 年，但是有更早期的照片显示的是 1658 年。

华盖创意

1709 年，亚伯拉罕·达比第一次将焦炭用于铁矿石的冶炼，标志着工业革命的开始。

据说铁时代是从公元前 1200—前 800 年开始的，到了工业革命时期，人们生产铁已经有几千年了。不过，除非改变铁的生产方式，否则铁的产量根本不足以满足工业革命开始后的需要。历史上，生铁作为冶炼铁矿石的最早产物是依靠燃烧燃点高于木材的木炭来生产的。

木炭是一种质量很轻的碳，主要通过在无氧条件下加热木材制成。所以英国早期的铁制品工业都集中在森林与铁矿共存的地区，比如肯特郡的维尔德。使用木炭存在两个主要问题：一是需求量远大于供应量，另一个则是还有无数其他的领域需要英国有限的森林资源来支持，尤其是快速发展的英国商用舰队和皇家海军。为了能够让生铁的产量指数性增长，必须寻找其他出路。这时亚伯拉罕·达比（1678—1717）登场了。贵格会教徒的出身注定了达比不是一个循规蹈矩的人，也导致了他被排斥在很多职业之外（这也在一定程度上解释了为什么那么多的工业和商业先驱都是贵格会教徒）。达比和一群

志同道合的创业者决定寻求新的落脚点，在此之前他就职于一家位于布里斯托尔的铜铸造厂。

最终他们定居在了什罗普郡的煤溪谷。1708 年达比租下了一座现成的火炉。1709 年 1 月，首次用“烧焦的”煤（焦炭）在熔炉中成功生产出了生铁。因为当地的煤几乎不含硫，所以更适合铁的冶炼，由此无碳冶铁的原则被确立下来。正是从这些微不足道的起步中诞生了工业革命。

现在被称为“工业革命发祥地”的煤溪谷地区有很多博物馆，铁桥峡谷博物馆信托就是其中之一。如今，达比的先驱性熔炉遗迹就作为煤溪谷遗址的一部分在那里展出。

达比熔炉停止生产后，逐渐淡出了人们的视线，有一段时间甚至计划将它们清理掉。但是人们后来决定挖掘和保护这些熔炉的遗迹。1959 年，正值焦炭使用 250 周年纪念，一个小型的博物馆建成开放了。1970 年，煤溪谷遗址成为新近成立的铁桥峡谷博物馆信托的一部分。旧高炉的保护性建筑于 1981 年落成。

海伦 · 西蒙森 / 维基共享（CC BY-SA 3.0）

2. 纽科门发动机

托马斯·纽科门 ——康沃尔，英格兰 ——1712 年

蒸汽动力的使用对有效抽取矿井中的水至关重要。1712 年，托马斯·纽科门的发动机首次实现将蒸汽动力应用于实际。

纽科门空气发动机模型。图中很好地描绘了主要由铜和铅制成的圆顶状的草堆形锅炉和将活塞动力传输到泵的梁。发动机的成功很大程度得益于萨弗利和帕潘的工作。

华盖创意

矿井进水曾经是个很严重的问题。从 17 世纪末开始，许多先驱者尝试利用蒸汽动力将煤矿等矿井内的积水抽出。

托马斯·萨弗利（1650—1715）是一位来自德文郡的工程师。1698 年，他申请了一项名为“矿工的朋友”的专利。他将这个发明描述为“一个可以通过火力使水上升并可以驱动轧机的各种运动的发明”。但是，它并不是发动机，因为他不能将动力传输给任何外部设备。几乎同时，一位长期生活在英国的法国人丹尼斯·帕潘（1647—1713）对蒸汽动力提出了一些理论上的思考，他的观点发表在 1690 年题为“廉价获得可观动力的新方法”（*Nouvelle méthode pour obtenir à bas prix des forces considérables, A new method for cheaply obtaining considerable forces*）的文章中。

直到另一位来自英格兰西部诸郡的工程师，托马斯·纽科门（1664—1729），才在第一个成功的空气 / 蒸汽发动机中融合了萨弗利的专利和帕潘的理论。在纽科门的设计中，依据帕潘的理论用一个圆筒代替了萨弗利专

利中的接收容器（原本是蒸汽冷凝的地方）。活塞运动可以驱动梁式发动机。如果把梁式发动机的另一端通过链条与矿井底部的水泵相连，工作时就可以把水抽出。

虽然第一台成功的纽科门发动机的生产地的准确地理位置有些不确定性，但是最早的两个记录在黑乡。一般认为第一台投入使用的纽科门发动机是在1712年，达德利附近的康涅格雷煤炭厂。不到三年的时间，第一个记录在案的发动机就在康沃尔郡得到了广泛应用。从威尔沃尔到赫尔斯顿西北部的矿业公司都在使用纽科门发动机。由于纽科门的成果脱胎于萨弗利的设计，他们二人达成协议，并通过萨弗利的专利进行操作。

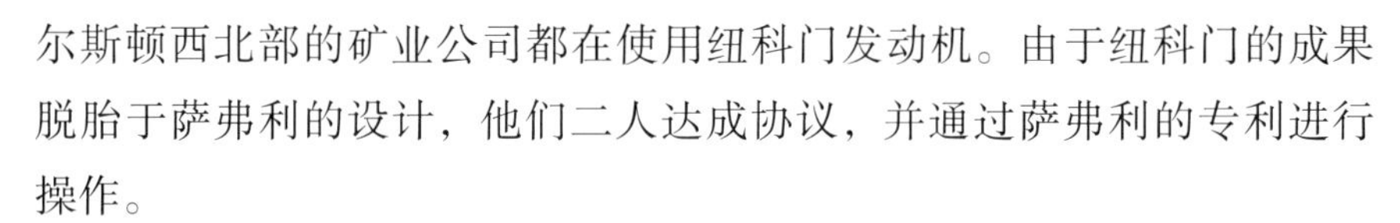

1986年，世界第一台成功的蒸汽发动机工作时的复原场景在位于达德利的黑乡博物馆展出。1712年，托马斯·纽科门制造了蒸汽发动机。它用于达德利勋爵庄园中的煤矿井抽水。

纽科门成果的重要性体现在他安装机器的数量上，在他去世前大约生产了100台发动机。这体现了发动机在英国及其他国家已被广泛使用，在西欧和中欧甚至英国以及在北美的早期煤炭业中都发现了纽科门发动机。

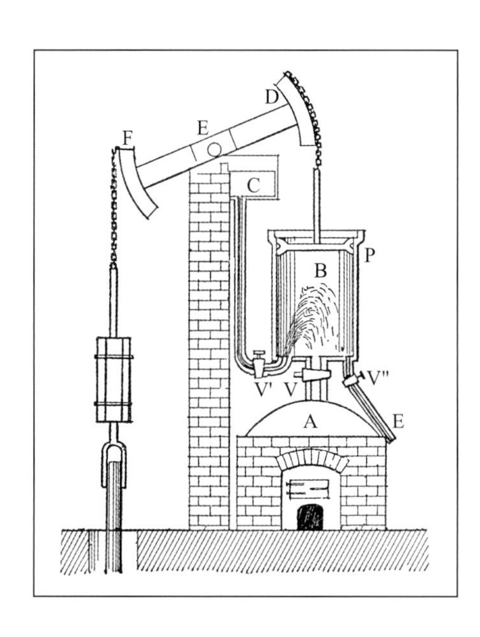

纽科门的发动机含有一个锅炉（A）位于气缸（B）的正下方。这里产生大量的低气压蒸汽。发动机的运动通过一个摇摆的“大平衡梁”来传递。这个“大平衡梁”的支点（E）就位于发动机室的山墙上。泵杆通过链子被平衡梁的一个拱头（F）吊起，平衡梁的另一个拱头（D）吊着气缸中工作的活塞（P）。除了连接气缸和锅炉的短进气管外，活塞的上面是开放的，下面是闭合的。活塞被皮圈密封包围，但是因为气缸是手工制作，两者不可能严丝合缝，所以在活塞上面总要有一层水保持密封状态。在发动机室的高处安装着一个集水箱（C），它由一个吊在小拱头上的室内小水泵供水。这个集水箱在压力下通过一根立管提供冷水用于冷凝气缸中的蒸汽，另有一小分支水用于气缸密封。每次活塞上行，额外的温热密封水就会溢出到两个管道中，一个通往室内井，另一个通过重力为锅炉供水。水和蒸汽的进出由三个阀门（V，V′和V″）控制。

3. 水动力丝织厂

约翰·洛姆 ——德比郡，英格兰 ——1721 年

要想在大规模生产中利用科学技术，多层作坊的发展必不可少。约翰·洛姆的丝厂被广泛地认为是开工厂之先河。

威廉姆·布莱克在《耶路撒冷》这首诗里描写作坊是“黑暗而邪恶的”，但是如果没有多层作坊，作为工业革命标志之一的棉花和羊毛业的繁荣将是不切实际的。

随着英国人口的增长和国力的增强，传统的制造工艺不再能满足供需平衡。物价因此而上涨，丝袜就是价格上涨的商品之一。传统上，丝袜由框架编织工织成，它们最初产自英国东南部。但是随着时间的推移，该产业转移到了中部，并在那里建立了第一批袜厂。德比郡境内有水流湍急的德温特河，又坐落在从伦敦到卡莱尔的主干道上，这使得它成为最初建立水动力丝织厂的理想地点。但是 1704 年为托马斯·科切特建立的第一批丝织厂却失败了。直到十年后为约翰·洛姆（1692—1722）建立的丝织厂才取得成功。

一幅印于17世纪的招贴画，画中是约翰·洛姆在德比郡的丝织厂。洛姆的家族都和纺织业关系密切：他的父亲是一位精纺织布工，他同父异母的兄弟是一位富有的丝绸商人。

华盖创意

1716 年，出生于诺维奇的洛姆来到了意大利的皮埃蒙特并成为当地一家作坊的员工。在晚间，借着烛光，他把公司的吐丝机器一张张地画了下来。带着这些知识，他回到了英国，与同父异母的兄弟托马斯（1685—1739）以及工程师乔治·索罗柯

洛姆最初的工厂存在了将近两个世纪，直到1910年大部分毁于大火。重建的厂房融合了原建筑的一些元素，后于20世纪70年代改建成博物馆。

华盖创意

德在科切特失败的工厂附近建造了一个新的工厂。

建于1717年至1721年，这个五层高的工厂矗立在一系列的石拱形结构之上，以便于洪水泛滥时的德温特河可以从建筑物的下面流过。索罗柯德建造了一个直径7米的水下水轮，用于为圆形纺纱机，也就是“抛掷机”提供动力。在水轮的轴上装着一个垂直的轴，它将动力输送到每一个旋转地面。整个建筑是砖结构，长33.5米，宽12米。在生意最兴隆的时候，工厂大约雇用了300名工人。全部竣工后，这里很有可能是全世界第一个完全机械化的工厂。

约翰·洛姆获得了抛掷机的专利，但是撒丁岛（在当时，撒丁王国的疆域远不止地中海的岛屿，一直延伸到了现在的意大利北部大陆）国王对洛姆可没有什么好印象。洛姆窃取了商业机密，是典型的商业间谍。撒丁岛国王不但禁止生丝的出口，还很有可能出于报复导致了洛姆的早逝，他死时只有30岁。

1732年专利到期时，丝织生产已经在英国变得更加普遍。洛姆工厂一直从事丝织生产，直到1908年被卖给了一位生产咳嗽酊剂和其他药品的制造商。两年后，厂房的大部分毁于大火，幸存的碎片被整合到了重建建筑中。而后，它成为了附近发电站的仓库。在20世纪70年代，整个建筑被改造成了德比郡工业博物馆。这座建筑现在被称为德比丝织厂。

4. 罗瑟拉姆摆动犁

约瑟夫·福尔贾姆 ——约克郡，英格兰 ——1730 年

罗瑟拉姆摆动式犁是对基础样式的犁的第一次真正的改进，它被广泛生产并且在商业上取得了成功。

一幅展示罗瑟拉姆摆动犁正在使用中的现代插画，标题是："扶犁者正在小心而又熟练地操控着犁"。

韦尔科姆收藏馆

自从人类开始从事农业活动以来，播种是种植粮食作物不可或缺的环节。考古学家认为，最初的破土工具就是一些形状适宜的树枝。在某个阶段，人们开始使用动物或人拉犁。虽然古埃及在一定程度上改进了这些犁的雏形，但是几千年以来并没有什么真正的进步。17 世纪，为土地排水的荷兰人认识到他们需要更好使的犁。因此他们模仿了中国的设计，包括一个铁头、一个弯曲的犁镜和一个深度可调节的刀片。

这些对犁的改进被证明非常有效。随后荷兰的承包商把改进的犁带到了英国，用于东盎格鲁的沼泽和萨默赛特荒野的排水。没过多久，来自罗瑟拉姆的约瑟夫·福尔贾姆就嗅出了这些改进的设计所蕴含的潜力。他将对犁的改进又向前了一步，并在 1730 年获得了由铸铁制造犁的专利。由于没有很深的轮子，犁可以有效地沿着地表的轮廓移动。这样不但耕地的效果好，而且只需要很少的动物来拉动。很快这种新

型犁在整个英国都流行起来。

到 1770 年，罗瑟拉姆摆动犁已经在英国、法国和北美的农业中使用。这件复制品在罗瑟汉姆博物馆展出。

阿拉米

到 18 世纪 60 年代，福尔贾姆已经在罗瑟拉姆附近的一家工厂大量生产犁，这种改进的犁因此被命名为罗瑟拉姆摆动犁。福尔贾姆最大的成就是将犁的可互换部分标准化（在以前，每个犁都是独一无二的，也就是说，两个犁之间不能互换配件，这使得犁的成本非常昂贵）。由此产生的效率显著地降低了成本，相比那些农民负担不起的犁，福尔贾姆生产的犁更经济适用。到 1770 年，很多工厂都开始生产罗瑟拉姆摆动犁，它已经在英国、法国和北美得到了使用。

5. 飞梭

约翰·凯 ——兰开夏郡，英格兰 ——1733 年

飞梭显著提升了纺织速度，它不但缩短了生产时间还降低了生产成本，为纺织业带来了天翻地覆的改变。

坐在桌旁的约翰·凯。来自巴里的凯是兰开夏郡的名人和飞梭的发明者。

华盖创意

18世纪的纺织工业是劳动密集型产业，几乎所有的工艺都由手工完成，速度非常缓慢。提高生产效率的要求非常迫切，特别是织布过程，而梭子通过织机的时间（带着纬纱穿过经纱）是主要的限制因素。约翰·凯（1704—1779）发明了一种名叫“轮式梭机”的设备。它使梭子更快地穿过更宽的织机，加速了生产过程。并且这种织机只需要一个人操作，从而减少了每个织机对第二个工人的需求。

约翰·凯在 1733 年获得了梭机的第一个专利，不过他又花费了两年的时间进行完善。同时他还找了合伙人将梭机制造商业化。遗憾的是梭机的使用导致了纺织行业的动荡。由于生计受到威胁，被激怒的织工科尔切斯特向乔治二世国王请愿正式禁止这些发明的使用。

虽然约翰·凯称自己的发明为“轮式梭机”，但是没过多久它就得

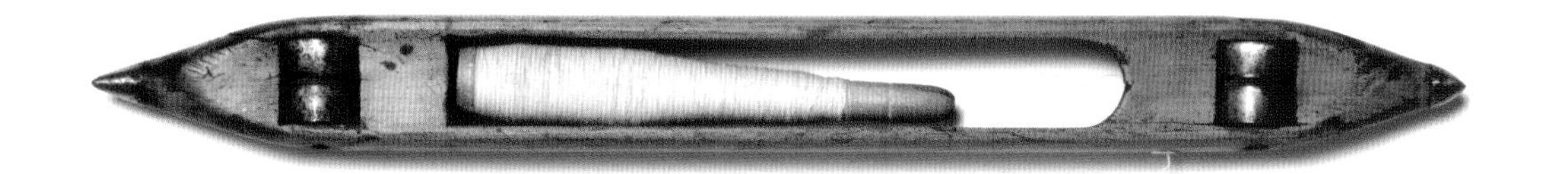

两个由约翰·凯设计的飞梭。飞梭的头是结实的铁头，飞梭下面的滚轮用于减少摩擦。下面的一个飞梭有两个头可以同时编织两股线。

华盖创意

到了另一个名字“飞梭”，这源于梭子在织机上快速地穿梭。不过飞梭也有自己的问题，那就是线的生产速度太慢了，它已经赶不上速度翻倍的新梭机对线的需求。

不幸的是（虽然这在发明家中并不少见），约翰·凯并没有从他的工作中赚到很多钱。主要是因为他花在专利侵权的诉讼中的钱比他获得的索赔要多。他面临的主要问题是，制造商们联合起来成立了一个“梭子俱乐部”财团，收买了每一个被带到法庭上的人。由于在英国无法获得专利版税，约翰·凯心情抑郁，于是他搬到了法国。但在法国，他寻找财富的梦想也没能实现。

6. 扬谷机

安德鲁·罗杰 ——罗克斯堡郡，苏格兰 ——1737 年

几千年来，分离谷粒和谷糠的过程完全依赖于合适的风。扬谷机的发明开创了农业的新时代。

历史上，农民总是利用微风将谷粒从谷壳（和其他不需要的残渣）中分离出来，这个过程被称为扬场。这种糠粒分离方法已经存在很久了，甚至在《旧约圣经》中也曾提到过。它的原理非常简单——将从茎秆上剥离的谷物抛到空中，风会把质量轻的成分吹走，而质量重的

扬谷机分离谷粒和谷糠的示意图。

弗莱排 / 维基共享

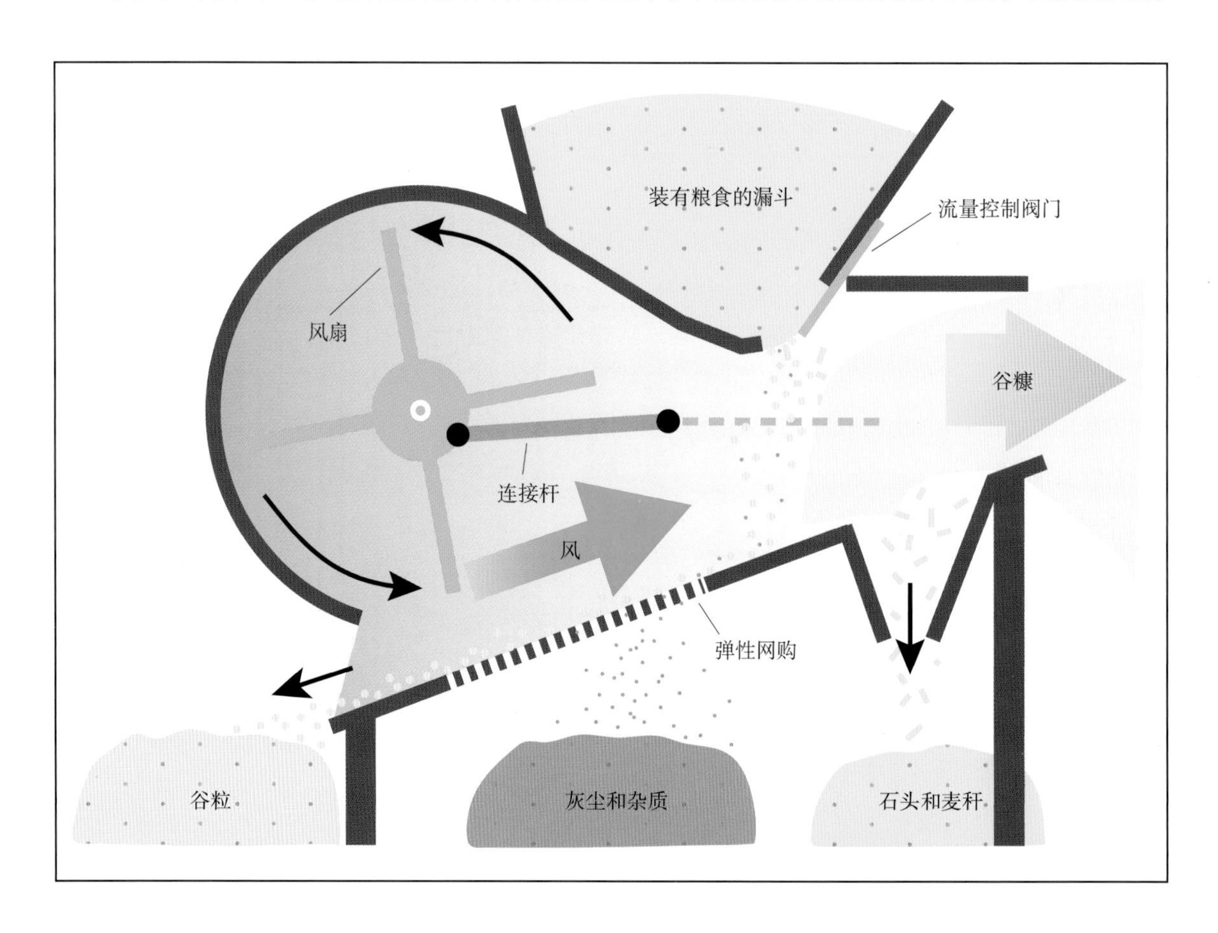

古斯塔夫·库贝尔的《风选小麦》（*Les Cribleuses de blé, Winnowing Wheat*）悬挂在法国南特美术馆。画中描绘了三种风选方式。首先，左边的是最原始的方式——女子疲惫的状态显示了手工挑选的过程是多么地单调乏味。中间的年轻女子采用的是一个更快的方法，但是她谨慎的姿势表明这仍是一件艰巨的工作。右面却是一架由小孩操作的扬谷机，彰显了机械化带来的便利。

华盖创意

谷粒则会下落到地上。如果风速太小或太大，这个操作都不可能进行。

为了避免这种情况，苏格兰农民安德鲁·罗杰想出了一个解决办法。1737 年，在罗克斯堡郡一家庄园工作的罗杰开发了一个被他称作“风扇者”的设备。这是一个简单的木质手摇机器，它能够产生人造风，使农民可以在任何天气情况下进行风选。

操作员以稳定的速度转动手柄，使得风扇旋转并产生一股气流，这股气流直接穿过一个狭窄的水平导管。一旦风速足够，农民就会向机器顶部的漏斗中倾倒谷物。谷物从空气流中通过时，任何质量轻的成分会从另一边被吹出。谷粒自身由于质量大，会经过一个斜槽向下掉落在收集室内。这个简单而有效的系统将风选的选择权交回了农民手里。

一些宗教人士认为风是神的自然设备，所以利用风是一种罪恶。尽管如此，安德鲁·罗杰家族还是将这款机器成功售卖了很多年。但是随着工业革命的发展，它慢慢地被全机械化的机器所取代。

7. 马德雷木材公司

什罗普郡，英格兰 ——18 世纪 50 年代

这幅由菲利普·雅克·德·卢森堡创作的油画已经成为煤溪谷铁厂公众形象的缩影。夜晚的火光和熔炉中飞溅的火花在地球上创造了一个真正的地狱。由于临近煤区和塞文河充足的水源，什罗普郡的这一地区很快就被冶炼厂占满了。

华盖创意

马德雷木材厂是最早专为炼铁而生产焦炭的工厂之一。因此它也是最早用焦炭替代木炭炼铁的工厂之一。

马德雷木材公司也被称为“疯子熔炉”。它位于塞文河北岸，距离什罗普郡的闪电山西部只有 1.6 千米，这里是早期砖瓦厂和高炉的工业中心，也是煤、铁和耐火黏土矿的矿区。

得益于七年战争（1756—1763 年）的需求，英国的铁工业在 18 世纪 50 年代的中后期经历了一次大繁荣。制造商们意识到用由焦炭制造的铁明显优于用木炭制造的铁。因此从经济上考虑，也应该将高炉

建在煤场附近。仅在这段时间就有九个焦炭高炉建在了什罗普郡的煤矿附近。

马德雷木材公司成立于工业革命早期的1756年，它有一个更为人知的名字——“疯人院”铁厂。几乎可以肯定的是，它的这个名字是因为毗邻一座叫“疯人院”的詹姆斯一世时期建筑，而不是因为它工作时所散发的热量和噪声。

公司由12位当地合伙人组成，最远的也就来自距离不到14.5千米的布里奇诺斯。其中就包括约翰·史密斯曼，他是公司所在地的所有者和马德雷庄园的庄园主。

马德雷木材公司建了两座高炉，并于1757—1758年投入生产。铁厂在马德雷教区拥有开采煤和铁矿石的矿产租约，而煤和铁是工业革命的主要驱动力。它的高炉是最早专门为焦炭而不是木炭设计和制造的炼铁炉之一。同当地的其他工厂一样，公司的熔炉都是一天24小时运转的。但是，依据熔炉的情况，每周日都会有几个小时停止鼓风。通常从早晨九十点间到下午四五点间，让工人有几个小时的休息时间。这被认为是极不寻常的人道之举，因为如果熔炉停的时间更长，就会因冷却得太厉害导致8—10天的停产。

1776年，马德雷木材公司被煤溪谷公司收购。重组的公司又于1797年被威廉·雷诺兹公司收购。到18世纪80年代，大约有三分之一的铁制品产于什罗普郡。

8. 新威利铁厂

什罗普郡，英格兰　——1757 年

新威利铁厂代表了一种重要性和创新性相结合的工业综合体。它见证了蒸汽动力在工业上的最早应用之一和世界第一艘铁船的建造。

继亚伯拉罕·达比不使用木炭而成功炼铁后（见第 8 页，1. 铸铁厂），什罗普郡的铁业有了显著的提高。达比的熔炉出产的是铸铁。铸铁十分脆弱，需要重新熔化后才能转化成延展性更好的锻铁或钢。之前这种工艺是通过一种平炉式的精炼炉来完成的。但是在 18 世纪出现了一种熔化铸铁的新方法。新威利铁厂位于什罗普郡布罗斯利

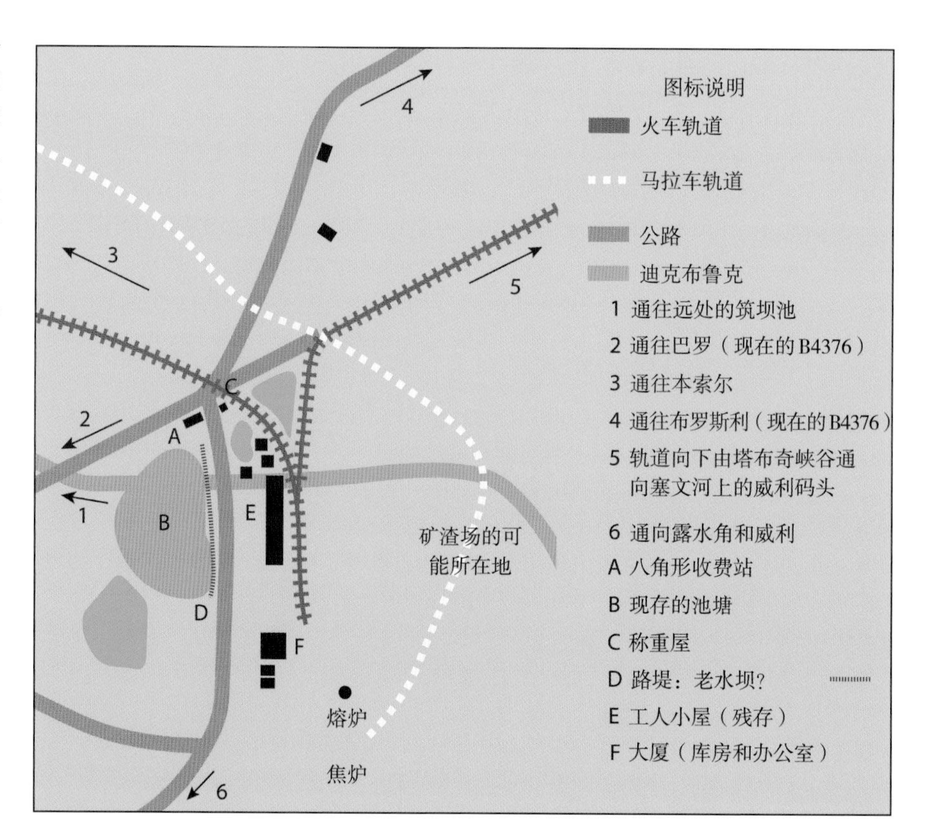

1882 年钢铁厂平面图。1774 年约翰·威尔金森将蒸汽动力引入了新威利钢铁厂，这是蒸汽动力在工业而非矿业上最早的应用之一。

拉尔夫·皮

的南部，是测试和发展新工艺和新产品的最重要的场所之一。

在 18 世纪中后期，绰号“铁疯子”的约翰·威尔金森（1728—1808）是铁业最重要的企业家之一。1755 年他成为了位于雷克瑟姆附近的伯沙姆熔炉的合伙人。两年后，他与几个合伙人在威利建造了一个高炉，他也留在了新威利工作。1768 年他制造出了更有效生成焦炭的炉子。他的兴趣后来延伸到了什罗普郡和斯塔夫德郡南部。在 1774 年他发明了一种在实心铸铁上精确穿孔的方法（见第 46 页，20. 镗床）。

新威利铁厂成立于 1763 年，坐落在迪安布鲁克山谷。它拥有两架高炉，创新型的铸造和镗床，轨道和一些辅助结构。工厂所在地起源于一座 13 世纪的鹿苑，为了适应工业化的需要做了一些现代化的改进，其中一组水利系统为这里提供了能源。这里的设施在建设时很可能已经考虑了对蒸汽动力的使用。1776 年这里是最早将博尔顿 – 瓦特蒸汽机商用的地方（见第 60 页，27. 惠特布雷德发动机）。1787 年铸造厂因为生产了世界第一艘铁船而闻名于世。

尽管新威利铁厂的大部分在 1804 年就关闭了，但是还是有一个小型铸造厂一直运转到了 20 世纪 20 年代。当地还有不少幸存建筑，比如发动机室、仓库和工人小屋，这些都列为二级历史文物建筑。其他建筑，包括两座高炉的残骸据说已经就地掩埋了。

9. 液压鼓风机

约翰·威尔金森 ——斯塔福德郡，英格兰 ——1757 年

液压鼓风机的发明使得生产优质铁成为可能。如果没有这种鼓风机，工业革命的技术发展就不会取得这么大的成就。

生产质量过硬的铁要求高温，因此需要向熔炉内输送充足的氧气。这就是为什么铁匠要不断地用风箱扇火。传统的风箱对于少量的铁是足够的，但是对于大规模的工业用途，费力的抽取式泵送以及由此导致的不平稳温度使得它们完全不能适应工业生产的需求。

英国实业家“铁疯子”约翰·威尔金森开始寻找上述问题的解决

1757 年约翰·威尔金森发明了液压式鼓风机，使得生产大量高质量的铁成为可能，进而促进了那个时期很多其他技术的发展。这幅威尔金森的肖像由一位不知名画家绘制。

伍尔弗汉普顿艺术博物馆

方案。1757 年，他申请了液压鼓风机的专利。这种由蒸汽驱动的机器用来将大量的空气吹入高炉，以提高高炉的效率。

这项发明大获成功，威尔金森也被赋予了“南斯塔福德郡铁工业之父”的绰号。

这项先驱性的发明使得生产大量的高质量铁产品突然成为可能，反过来刺激了本已开始颓废的煤炭和铁产业再次快速发展起来。十年间，威尔金森在布拉德利、比尔斯顿和斯塔福德郡建造了铁厂，占地高达 35 公顷。他不但建造了高炉、轧机和锻造厂等，还为工人建造了住房。其他的设施还包括玻璃厂、运河码头和一个化工厂。

在那个阶段，主要的产品都是铸铁的。虽然相较以前已经有了很大的进步，但是铸铁相对来说还是易碎。因此，工程师在设计铁制结构时都要非常小心，否则就可能发生灾难。正因为如此，威尔金森在十年后开始大规模生产锻铁（它的工程性能更好）。从这时起工业革命的标志性建筑终于可以开始建造了。

10. 米德尔顿铁路

查尔斯·布兰德林　——利兹，英格兰　——1758 年

米德尔顿铁路是第一条根据议会法案指示修建的铁路，也是第一条在商业上使用蒸汽动力牵引的铁路。

第一条有轨路出现在工业革命之前。在英国，简陋的货轨最早出现在 16 世纪。从 16 世纪 90 年代起，在利物浦附近的普雷斯科特由当地的煤矿主菲利普·莱顿授意建造了一条轨道。这条著名的轨道用来从普雷斯科特大厅运煤，历程 1.6 千米。在 1603 年到 1604 年，斯特雷利煤坑的承租人亨廷顿·博蒙和当地的地主帕西瓦尔·威洛比爵士在诺丁汉郡合伙建造了沃尔拉顿轨道，同样用于运煤。

早期的货轨使用粗糙的木质轨道，用装有铁制轮胎的马拉货车，比起使用公路，这种方法显然可以运输更多的煤。这些相对短小的线路建在煤矿和使用者或转运点（河流和运河）之间，通常只能拿到一两个地主的租赁许可。而更野心勃勃的建造计划需要经过更多的土地和它们的所有者，这要求在法律形式上寻找不同的操作方式。

米德尔顿地区位于利兹的西南部，从 13 世纪起就开始煤矿采集活动。18 世纪中叶，当地煤坑的所有者查尔斯·布兰德林（1733—1802）正处于竞争劣势，主要是因为其他煤矿主可以方便地将煤通过河道运送到利兹。1754 年布兰德林的经纪人理查德·汉布尔顿决定利用东北老家的技术，建一条为米德尔顿服务的货轨。最初的线路只经过布兰德林自己的土地，所以不需要任何许可。三年后，汉布尔顿有了一个更大胆的设想，因此他决定寻求通过一项议会法案。1758 年 6 月 9 日，汉布尔顿获得了皇家许可建造米德尔顿铁路，这是有史以来第一个通过议会权利获得建造许可的铁路。这个原则建立之后，从 19 世纪早期绝大多数铁路都是通过议会法案获得建造许可（直到 1896 年轻轨法案通过）。这种法案赋予了铁路发起人对铁路经营用地的强制购买权，同

时规定了这些新线路的资金来源。

这并不是米德尔顿铁路对英国工业化国家发展的唯一贡献。19 世纪初，煤矿经理约翰·布伦金索普（1783—1831）开发了一种新型的齿状铁轨（1811 年获得专利）以便利用蒸汽机将装满煤的货车拉上陡坡。第一部机车由马修·默里（1765—1826）设计，并于 1812 年投入使用，依据的是特里维西克的早期“谁能抓住我”（Catch me who can）设计。这种开创性的双缸机车被命名为萨拉曼卡，它的使用标志着米德尔顿铁路成为第一个在商业上使用蒸汽动力牵引的铁路。

1814 年出版的《约克郡的服装》（*The Costumes of Yorkshire*）中附有描绘 19 世纪早期典型工作服的版画。这位煤矿工人画像的背景是米德尔顿铁轨上的蒸汽机车萨拉曼卡。齿形的传动轮和齿轨配合使用增强了在陡坡上的附着力。

纽约公共图书馆数字馆藏

11. 混凝土的再发现

约翰·斯米顿 ——德文郡，英格兰 ——1756—1759 年

在那个土木工程师还没有成为一个被认可的职业的年代，约翰·斯米顿就成为了一位具有开拓精神的土木工程师。他在艾迪斯通灯塔（作为人物肖像的背景展现在画中）的建造过程中重新发现了古罗马生产水硬性石灰混凝土的方法，因此彻底改变了当代建筑方式。

作者收藏

再次发现水硬性石灰混凝土——一种失传的古罗马建筑方法——对促进海上建筑物的制造至关重要。

用光警告水手危险的礁石和悬崖，并引导他们到达安全避风港的观念早在工业革命开始前就已经确立了。公元前 3 世纪在埃及亚历山大城外建立的灯塔被视为古代世界的一大奇迹。但是海洋的环境恶劣，特别是当我们试图在海中放置建筑物时，它必须能够抵抗一切海中的外力，因此直到 17 世纪末，才有人试图建造近海灯塔。

世界上的第一座开放灯塔建在艾迪斯通礁群，这是一处低洼的礁群，在雷姆角南 13.5 千米靠近普利茅斯。由亨利·温斯坦利（1644—

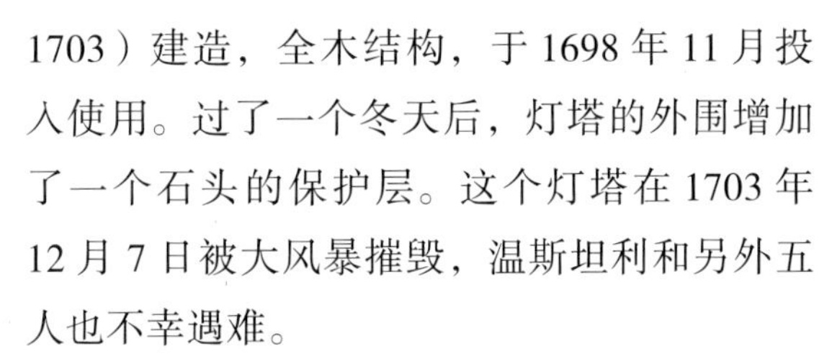

1703）建造，全木结构，于 1698 年 11 月投入使用。过了一个冬天后，灯塔的外围增加了一个石头的保护层。这个灯塔在 1703 年 12 月 7 日被大风暴摧毁，温斯坦利和另外五人也不幸遇难。

因为必须在礁石上设立灯塔，所以在 1709 年，约翰·鲁德亚德（1650—1718）设计完成了一个新灯塔。因为核心采用了砖石结构，这次的灯塔使用了更长时间。直到 1755 年 12 月 2 日灯塔的灯笼着火，由于外部是木制结构，整个建筑才完全倒塌了。

这回轮到了约翰·斯米顿（1724—1792），他是第三位试图在艾迪斯通建造永久灯塔的工程师。受到对橡树的研究的启发，他设计了一种由花岗岩拼接而成的结构用来

增加强度。塔高 18 米，地基直径 8 米，而顶端的直径只有 5 米。这种由下向上逐渐变窄的塔型代表了灯塔设计上的一个重要进步。但是有依据表明斯米顿对水硬性石灰混凝土的使用意义才更重要。

最早为罗马人所使用，但是却在历史的迷雾中被遗忘，这种混凝土可以在很多极端条件下凝固，其中就包括水下。随着它被斯米顿重新发现，人们可以用石头和混凝土而不是木材建造多种形式的建筑物，比如防水坝、桥墩和码头等。因此工程师可以建造比木制结构更耐用的大型的沿海和河流工程。

斯米顿灯塔的垮台不是因为建筑本身，而是因为它所矗立的礁石。到了 19 世纪 70 年代，长期的侵蚀导致礁石的结构越来越不稳定，整个建筑会在汹涌的海水中摇摆。1877 年，在完成第四次改建之后，灯塔正式停止了使用。

1882 年，灯塔的上半部分被拆卸下来移到了普利茅斯高地重新搭建，那里成为了一个旅游景点。这项工程的负责人威廉・道格拉斯（1857—1913）是第四次灯塔改建设计师詹姆斯・道格拉斯（1826—1898）的儿子。斯米顿原塔的下半部分因为拆除起来很困难而被留在了原地，如今它仍旧保留在那里，成为了斯米顿聪明才智的见证。

当斯米顿灯塔在 19 世纪末被取代时，它的固有强度意味着不可能将整个建筑全部拆除。150 年后，斯米顿灯塔的残留建筑仍旧存在。这张早期的明信片记录了当前仍在服役的灯塔刚建成没多久的样子，旁边是斯米顿灯塔的残存建筑。

议会图书馆

12. 布里奇沃特运河和巴顿旋转渡槽

兰开夏郡，英格兰　——1759—1761 年

开创性的布里奇沃特运河是工业革命时代的第一条运河，它的建造正好在运河建造狂热期的初期。它的特点是建造了英国的第一条渡槽，并且可以用于航行。

铁路时代到来之前，水路是将原材料和制成品从制造者运送到使用者的最便利的方式。因此大多数工业革命早期的发展都以临近河流为基本条件。但是从 18 世纪中叶开始，运河的开凿使得工业在河流不畅的地区得以发展。

一些人工水道确实出现于工业革命之前，比如建于 16 世纪 60 年代的埃克塞特运河，但是布里奇沃特运河却是新时代建成的第一条水道。18 世纪中期，布里奇沃特三世公爵，弗朗西斯·埃格顿（1736—1803）在曼彻斯特西北部的沃斯利拥有矿山。他不得不依靠马队或默西和艾尔维尔航线（实际上是由河流改造成的运河，完工于 1734 年）来运输开采的煤炭。在参观了法国的米迪运河又受到了英格兰西北部开凿桑基运河的启发后，他决定开发一条属于自己的新水道。起初他得到了他的地产经理人约翰·吉尔伯特（1724—1795）的帮助，而后又有来自工程师詹姆斯·布林德利（1716—1772）在技术上的建议，埃格顿制定了建造一条从沃斯利到萨尔福德的运河的计划。这一计划除了改进了运输方式，还为生产线排放废水提供了有效解决方法。1759 年的一项议会法案赋予了埃格顿修建运河的权利。随后议会又分别在 1760 年、1762 年、1777 年和 1795 年颁布了相应法案将运河向沃斯利以北和萨尔福德以南扩建出诸多分支。

19 世纪末，曼彻斯特运河的建造导致渡槽被平旋桥所替代。照片拍摄于 1891 年，记录了布里奇沃特原来的渡槽被拆除前不久的影像。

维基共享

布里奇沃特运河和曼彻斯特运河都仍旧在使用中。图中是沿着曼彻斯特运河顺流而下的“丹尼尔·亚当斯号”和两座吊桥，离镜头近的公路桥和远离镜头的布里奇沃特运河桥正敞开着让船通过。这艘1903年的客货两用蒸汽船最初由什罗普联合运河铁路公司定制，并命名为“拉尔夫·布罗克勒班克号”。1921年曼彻斯特运河购买了几条船，它是其中的一条，并于1936年按该公司第一位董事长的名字更名为“丹尼尔·亚当斯号”。它一直运营到了20世纪80年代中期，并且在埃尔斯米尔港的船舶博物馆停放了一段时间。如果没有2004年的救援和修复措施，这条具有历史意义的船很有可能面临船体解体的严重危险。

运河的最初一段在1761年通航。其中最引人注目的特征是建在厄尔韦尔河畔巴顿的渡槽，运河利用它穿过厄尔韦尔河。这个渡槽由布林德利设计，在最初使用时也是有些问题的。比如，三个拱形结构中的一个在第一次蓄满水时因为水的重量被压弯了。但是1761年7月17日开放的渡槽是英国首个可以航行的渡槽。巴顿渡槽是英国有史以来最重要的运河结构之一，更是远早于1805年在兰格伦运河上通航的庞茨西尔特等著名渡槽。庞茨西尔特渡槽是英国现存最老的也是最长的可通航渡槽。19世纪末，随着曼彻斯特运河的建成，运营了一个多世纪的巴顿渡槽被一座平旋桥所取代。这个平旋桥由爱德华·利德·威廉姆斯（1828—1910）设计，由德比郡的安德鲁·汉迪赛德公司承建，于1893年年末竣工，1894年1月1日投入商业运营。当需要打开时，重1150吨长100米的铁制槽会旋转90°，闸门挡住槽内和运河两段的水。

布里奇沃特运河是少数没有被英国国有化的运河之一。尽管南段已经不再与曼彻斯特运河相连，不过它仍在运营中。虽然已经不再运送煤炭，但对于喜欢沿运河航行游玩的人来说，它仍旧是一个热门去处。

G.F.耶茨绘制的水彩画，大约创作于1793年。画中展现的是詹姆斯·布林德利的巴顿渡槽，一辆航行在布里奇沃特运河上的马拉驳船正在穿越厄尔韦尔河。

13. 哈里森航海天文钟（经线仪）

约翰·哈里森　——约克郡，英格兰　——1761 年

航海经线仪的发明对帮助船员确定在海上的位置至关重要。这种设备可以精确地测量经度，即一个物体在地球上沿东西方向的位置。

一位自学成才的木匠和钟表师，约翰·哈里森出生在约克郡的西莱丁。经过多年的工作，他终于解决了在海上计算经度的问题。他的航海经线仪经过诸多版本，终于在 18 世纪 70 年代早期取得成功。

华盖创意

航海安全依赖于经纬度的精确定位知识。虽然水手们已经掌握了在北半球利用正午太阳的角度和在南半球利用北极星的角度来测量维度的方法，但是测量经度却存在很多问题。16 世纪初，科学家提出借助精密计时器的建议，但是这需要一座能在海上可靠工作的时钟。到 17 世纪末，还没有一个人能够复制当时最可靠的计时器——摆钟的精度。18 世纪初英国逐渐展露出世界强国的实力，1714 年英国政府颁布了《经度法》。事实上这是一个基于众多标准的竞赛，第一个制造出航海经线仪的发明家将得到经济上的奖励。

约翰·哈里森（1693—1766）是来自约克郡的木匠和钟表师，他对获得奖金达到近乎痴迷的程度。1730 年他完成了第一个可工作模型 H1。哈里森向英国皇家学会成员展示了他发明的天文钟，并且由英国皇家海军“百夫长号”携带出航进行测试。虽然天文钟在出港驶向里斯本时工作不佳，但是在返航途中的表现却被证明是成功的。拿到最初的 500 英镑奖金后，哈里森并没有停滞不前，而是在 1741 年又完成了第二个模型 H2。虽然 H2 比 H1 有所进步，但是哈里森认识到了这两个最初模型都存在的缺陷。经过 17 年的努力，他最终研制出了第三个模型 H3，虽然相较前两个模型有了进步，但是这个模型仍然不够精确。

同时期发展的怀表工艺为哈里森提供了解决问题的最终线索。1761 年 11 月海洋怀表 H4 搭上了英国皇家海军“德特福德号”从普利茅斯前往牙买加进行了第一次测试。虽然回程证明怀表的有效性，但是经度委员会并未信服，而是要求进行额外测试。直到 18 世纪 70 年代早期，有赖于国王乔治三世的直接介入，哈里森在成功研制第一台航海经线仪并极大地提高了航海安全方面的贡献才真正得到承认。尽管如此，经度委员会拒绝授予他价值两万英镑的全额奖金。

在 H4 接受测试期间，约翰·哈里森又开发了第二款海洋怀表 H5。哈里森对经度委员会迟迟不承认他的成就感到十分沮丧，他争取到了一个觐见国王乔治三世的机会。国王对他的遭遇深表同情，并于 1772 年对哈里森的怀表亲自进行了测试。他发现在测试的十周内，表的精确度达到了每天三分之一秒。

瑞可莱文 /
英语维基百科
（CC BY-SA 3.0）
BUT 科学博物馆

今天大多数导航依赖于卫星，但是利用天体导航仍旧是商船上很多高级职位必备的技能。因此现代航海导航使用的工具与早先几个世纪非常相似：六分仪、航海地图、双筒望远镜（或望远镜）当然还有就是经线仪。

14. 索普工厂

拉尔夫·泰勒 ——兰开夏郡，英格兰 ——1764 年

工业革命很大程度上以纺织业为基础。索普工厂有可能是第一座水力棉纺厂，预示着商业和文化上的重大变革。

1831 年从格洛德威克村看到的奥尔德姆镇。画中纺织业的蓬勃发展使得无序化的工业扩展初露端倪。纺织业与工业革命并驾齐驱。

奥尔德姆美术馆

尽管在 17 世纪中期的英国，纺织业是最大的商业活动之一，但是它仍旧以家庭手工业的形式存在。纺织业的每一个过程都是手工进行，缓慢而低效。1764 年，拉尔夫·泰勒对兰开夏郡罗伊顿的索普·克勒夫的三间村舍进行了改造，建成了第一座由水力驱动的棉纺织厂。坐落在伊尔克河的支流上，这是一座由水车驱动的梳棉厂。虽然只运行了 24 年，但是这家工厂却证明了使用水力可以极大地提升效

率。因此，在它之后更多的工厂开始利用水力。

兰开夏郡作为纺织业发展的理想区域原因很多。最重要的是它临近利物浦这样的港口，使得原材料的进口和制成品的输出都直接便利。另外这里拥有庞大的劳动力市场，这些工人不但聪明勤奋，而且习惯了低农业性收入。还有一个常常被忽略的额外因素就是兰开夏郡的空气总是很潮湿（干燥的空气容易使纤维断裂，因此纺织品的制造需要一定的湿度）。

上述因素的综合影响使得兰开夏郡的纺织工业在一个世纪内急剧膨胀。大批人员涌向新开的工厂，这对当地带来了双重的影响：一方面是农村人口被逐渐吸空，另一方面则是城镇人口密度的大幅提升。举例来说，索普棉纺厂所在的罗伊顿的人口在1714—1810年增长了不止十倍。

原有小城镇的城市化是史无前例和毫无计划的。这些变化带来了各种各样的问题，比如低档住房的过度拥挤和清洁用水的缺乏。受污染的水导致伦敦分别在1831—1832年、1848—1849年、1854年和1867年暴发霍乱。其他普遍流行的疾病包括天花、伤寒、斑疹伤寒和结核病等。

15. 珍妮纺纱机

詹姆斯·哈格里夫斯　——兰开夏郡，英格兰　——1764年

飞梭的发明将英国的纺织能力提升了一倍，但是传统的手摇纺纱方法却无法生产足够的纱线。多谢珍妮纺纱机提供了解决方案。

尽管1733年约翰·凯发明的飞梭（见第16页，5. 飞梭）使得纺织业的针织环节获得了巨大的进步，但是由于没有办法生产出足够的纱线满足纺织机的庞大需求，纺织业的发展仍旧受到阻碍。当时，纱线都是由纺纱者在自己的家中生产，生产方式既慢又低效。纺纱技

飞梭发明以后，英国的纺织能力翻了一番，而珍妮纺纱机也为英国的纺织业做出了巨大贡献。旧式的手摇纺纱机无法满足纺织机的需要，而且也没有足够的纱线可用于充分开发纺织机的潜力。珍妮纺纱机从根本上实现了纱线生产的机械化，并迅速提高了产量。

华盖创意

术花费了三十年的时间才跟上了织布技术的步伐。1764 年，詹姆斯·哈格里夫斯（1720—1778）发明了珍妮纺纱机。这是一种多纺锭的纺纱机，在兰开夏郡布莱克本附近奥斯瓦尔德斯托尔的斯坦希尔研制成功。

第一个珍妮纺纱机有 8 个线轴。通过右手转动轮子，操作工人可以让 8 个线轴一起旋转。同时操作工人的左手拿着一个圆棍，用于夹住八束粗纱（纺纱使用的原始材料），并喂给纱锭。不久，哈格里夫斯改进了纺纱机，线轴从 8 个增加到了 80 个，甚至 120 个。这种纺纱机生产的线很粗糙强度也不高，但仍然适合很多用途。仅仅过了三年，理查德·阿克赖特发明了水力棉纺纱机，纱线的产量和强度都有所提高，使得纱线适合更为广泛的用途（见第 40 页，17. 棉纺机）。

几个世纪以来，英国一直依赖于羊毛贸易，既得利益的冲突导致《印花布法》（*Calico Acts*）的颁布，该法案控制各种棉花和丝织品的进口（1700 年），并且禁止穿着某些类型的棉布（1721 年）。虽然这些法案（比如 1736 年的《曼彻斯特法案》）在 1774 年才被废止，但是在此之前，棉花制造商已经迫使这些法案做出调整，这为大规模提高棉花生产开辟了道路，而哈格里夫斯的发明在很大程度上帮助了棉花制品的生产。

16. 苏豪工厂

马修·博尔顿 ——伯明翰，英格兰 ——1766 年

博尔顿和瓦特是工业时代的主要开拓者之一。他们的苏豪工厂处在大规模生产的最前沿，事实上，它是世界上第一个真正意义的工厂。

工业化进程中最重要的环节之一是采用大规模的生产，而第一次应用到工厂环境是在距离伯明翰中心 3 千米处的苏豪工厂。

马修·博尔顿（1728—1809）是一位金属玩具制作商的儿子。只要有适当的设备这些由金属制造的鼻烟盒、纽扣和鞋扣等都很适合大规模的生产。博尔顿也是第一个制造谢菲尔德银盘的人。这是一种将银和铜混合的工艺，最早于 1743 年在约克郡外发现，后来在谢菲尔德得到发展。

1762 年博尔顿和约翰·福瑟吉尔（1730—1782）合作在汉兹沃斯希斯租下了一处场地，这里已经有了一个水力驱动的金属轧机厂和一些农舍。按要求利希菲尔德的怀亚特家族拆除了前者并在 1766 年建成了一个新的工厂。他们又将那些农舍推倒改建成苏豪之家，这里后来成为了博尔顿的家（现在是一座博物馆）。博尔顿是月光社的创始人之一，该学会是当时最重要的学术团体之一，成员包括伊拉斯谟·达尔文、约西亚·韦奇伍德、约瑟夫·普利斯特里和威廉·默多克，他们定期在苏豪聚会。

马修·博尔顿是 18 世纪下半叶最重要的企业家之一。出生在伯明翰，他与詹姆斯·瓦特建立的合作关系对大量生产蒸汽动力机车至关重要。正是这些机器为蓬勃发展的工厂提供了动力，也使得它成为工业革命的标志。

作者收藏

1775 年，博尔顿和月光社的另一位成员詹姆斯·瓦特（1736—1819）建立了合作关系，主要目的是研发用于采矿的蒸汽机。博尔顿本人曾在 1767 年根据托马斯·萨弗里的原理试验制造蒸汽机，不过在瓦特原支持者约翰·罗巴克（1718—1794）破产后选择了与瓦特合作。博尔顿鼓励瓦特完成蒸汽机的研制，因为他意识到如果瓦特可以制造出旋转发动机，那么蒸汽机的潜在市

场就可以延伸到其他行业，比如棉纺织业。

瓦特蒸汽机首次合并了一个独立的冷凝器。它是在1763年到1775年开发成功的，它的第一个模型是在苏豪完成的。同年稍晚一些时候，这些蒸汽机第一次用于工业生产。瓦特继续研制旋转型的发动机，他通过改造“太阳和行星”齿轮系统（博尔顿和瓦特一直使用这一系统，直到詹姆斯·皮卡德的曲柄系统的专利到期）终于在1781年获得成功。

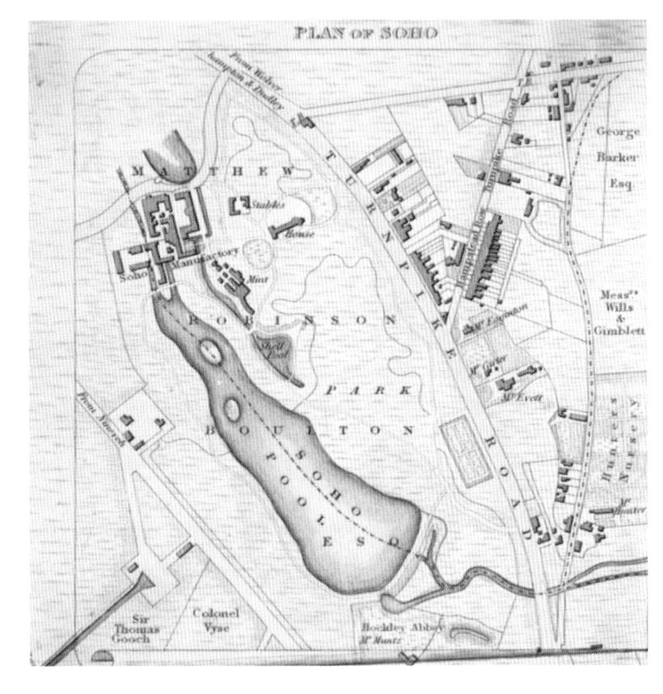

苏豪工厂由马修·博尔顿和他的合伙人约翰·福瑟吉尔在1766年建成。最初的设计是一座“零件”工厂，用来生产皮带扣、扣子和钩子等可以用金属或其他材料生产的小物件。后来这个复杂的场地又扩展出了一个铸币厂，博尔顿领先用当时先进的方法制造硬币。

伯明翰博物馆

在苏豪地区的另一个发展是创建了苏豪铸币厂。1786年，博尔顿为东印度公司制造了100吨铜币。两年后，他又提出用机器大规模生产廉价的铜币。虽然开始并没有接到政府的订单，蒸汽动力铸币厂还是建了起来。八台冲击机每小时可以生产85枚硬币。它们为英国国内和出口市场制作奖章和硬币直到1850年铸币厂关闭。

博尔顿和福瑟吉尔的最初合作关系终止于1781年。1796年，蒸汽机的生产被转移到了苏豪铸造厂，这个新建的工厂大约离苏豪工厂1.6千米。虽然铸造厂的大部分场地还在使用，但是最初的苏豪工厂已经在1850年被拆除，它的厂址被重新拨为居住用地。

苏豪工厂的设计和建造由利希菲尔德的怀亚特家族承担。新建筑位于一块在1761年通过租赁获得的土地上，用来取代早期的一座水力驱动的金属轧机厂。这座建筑在1863年被拆除，但是怀亚特为博尔顿建造的苏豪之家保存了下来，现在是一座博物馆。

作者收藏

17. 棉纺机

理查德·阿克赖特 ——诺丁汉郡，英格兰 ——1767 年

阿克赖特发明的多锭棉纺机是工业革命向前迈进的重要一步。水力和纺纱机的结合并采用现代的雇佣方式则使得连续生产成为可能。

尽管珍妮纺纱机（见第 36 页，15. 珍妮纺纱机）可以比以前生产出更多的线，但是这些线不但粗糙而且强度不够。为了解决这些问题，发明家理查德·阿克赖特（1732—1792）和钟表匠约翰·凯决定合作研制一种带驱动的纺纱机。第一个版本是一部概念机，一次只能纺四股线。但是它的工作非常令人满意，于是阿克赖特在 1767 年申请了专利。第一个大尺度的模型有 96 个纱锭，由马拉驱动，安装在阿克赖特和他的合伙人在诺丁汉的一个工厂里。

1770 年阿克赖特和他的合伙人将马力换成了水力驱动。他们在德

1771 年阿克赖特和他的合伙人们在德比郡克伦福德的德温特河边建立了一座专门的纺纱厂，在这里马力被水力所替代。

阿莱特 / 维基共享

理查德·阿克赖特发明的多锭棉纺机是迈向现代工业化时代的重要一步。使用水力驱动纺纱机使连续生产成为可能。照片中是一台棉纺机的复制品。

莫鲁约 / 维基共享（CC BY-SA 3.0）

比郡克罗福德境内的德温特河畔建造了一家专门的工厂（按当时的习惯应该是“制造厂”）。这是现代最早的工厂之一，采用了各式各样的新奇的工业化实践，这其中就包括工人的全职就业而不是临时合同。这也是第一个拥有完整生产过程的工厂，在这里原材料被运进大门，经过各种工序的加工，最终生产出成品。

水力纺纱机的意义在于使用水力不但使得纺纱过程快速强大并且更加持续，而且大大地降低了对熟练工人的需要。

阿克赖特的机器一次可以同时纺 128 根线，不但显著地提高了棉线的产量，也提高了线的内在强度。由于不再需要专门的工匠来生产棉线，阿克赖特训练了一批毫无经验的妇女来操作机器。不久，阿克赖特发明的这种由水力驱动的棉纺机就遍布了整个英格兰北部的纺纱厂。

18. 钱皮恩的湿船坞

威廉·钱皮恩　——布里斯托尔，英格兰　——1768 年

完成于 1768 年的钱皮恩湿船坞是布里斯托尔作为英国最重要港口地位得以巩固的因素之一，并使得布里斯托尔在获利丰厚而又极具非议的奴隶贸易中扮演了重要角色。

作为港口，布里斯托尔存在一个重要的缺陷，它位于英国内陆大约 10 千米处。17 世纪时沿埃文河抵达港口非常困难：在驶向城市时，船只经常因为潮落而被困在河中。1662 年，市政委员会对任何载荷超过 60 吨的船只收取 10 英镑的罚款。另一个问题则是当水手们将船

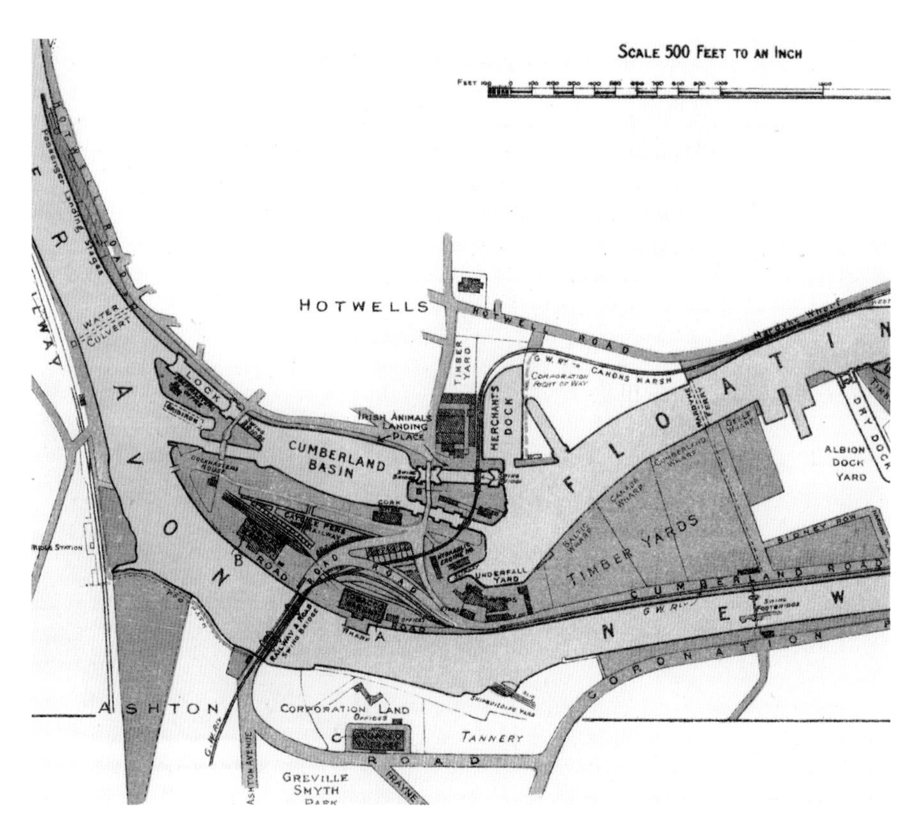

钱皮恩的湿船坞——1770 年被布里斯托尔市的商业公会收购后更名为商人码头——是第一个服务于布里斯托尔的湿船坞。最初它直接向埃文河开放，但是随着一个世纪以来对码头的建设，河道在新切口改道向南。原来的河道变成了一个被大大扩建的码头。

彼得·沃勒 / 绘制

拖上岸装卸货时很有可能对木质船体造成损害。

为了避免这些问题，18世纪初在海米尔斯埃文河的河口修建了一座湿船坞，闸门保证了不管潮涨潮落水位都是恒定的。这个湿船坞是在原有的古罗马港口的基础上建成的，但是类似的船坞，它并不是第一个，比如泰晤士河上的豪兰大码头于1695年至1699年建成（但是缺少卸货设施）。又如完成于1715年的利物浦的老码头被公认为是世界上第一个用于商业的湿船坞。

虽然海米尔斯的湿船坞解决了一个问题，但是却带来了一个新问题：从海米尔斯到布里斯托尔的道路并不适合运输货物。除此之外，布里斯托尔在迅速发展的跨大西洋和殖民地贸易中逐渐输给利物浦的事实，意味着布里斯托尔需要在自己城市内部对港口进行改善。第一个项目是由威廉·钱皮恩（1709—1789）私人出资在埃文河北岸修建的。钱皮恩湿船坞完工于1768年，它没有在经济上取得马上的成功，两年后就被卖给了商业公会。这个公会因为拥有一个皇家特许证（从1552年起）而垄断着布里斯托尔的海上贸易。尽管新码头的建成导致了海米尔斯码头的失败，但是18世纪布里斯托尔一直是英国最重要的港口之一，它在奴隶贸易中起着至关重要的作用，并从这一充满非议的行业中获得了巨大利润。1807年到1833年，它又在大英帝国的废奴运动中扮演了重要角色。

从西边看去，钱皮恩的湿船坞就在坎伯兰盆地的东边。针对利物浦在竞争上获得的优势，威廉·杰索普（1745—1814）设计了一系列的举措，湿船坞作为其中之一于1809年5月1日投入使用。

彼得·沃勒拍摄

不幸的是，今天布里斯托尔颇具开拓性的湿船坞已经被填平，再也看不到了。

19. 宾利五层升降船闸

约翰·朗博瑟姆 ——约克郡，英格兰 ——1774 年

宾利五层升降船闸是大不列颠群岛运河上最陡的一组船闸。它对发展英国运河网络至关重要，并且开启了跨越奔宁山脉的贸易。

在18世纪中期，运河是连接工业运输需要的理想手段。它们最好依据地形建造，这样就可以避免添加大型的机械工程，比如隧道和渡槽。但是，建造横穿号称“英国脊梁”的奔宁山脉的运河的商业压力使得这些工程困难迎面而来，尽管如此，大工程还是来了。

从上往下看，宾利五层升降船闸的规模可以很好地体现出来。平均梯度大约五分之一，这是大不列颠群岛所有运河上最陡的船闸。距它完工已经200多年了，宾利升降船闸仍旧是穿越奔宁山脉运河最重要的组成部分。

乔纳森·富迪

在利兹和利物浦之间开凿运河并将它的短分支连接到布拉德福德的提议来自多方的需求。布拉德福德的羊毛制品商渴望将产品通过利物浦出口，而利物浦的企业家渴望煤炭价格下降。1770年获得建造利兹至利物浦运河的许可后，曾经建议过替代路线的詹姆斯·布林德利被任命为工程师。但是他的早逝使得工程管理员约翰·朗博瑟姆（死于1801年）接任了总工程师，直到1775年辞职。朗博瑟姆在建造许可获准之前参与了对所提议路线的勘测工作。

从希普利到斯基普顿的运河段以及到布拉德福德的分支分别在1774年和1775年通航。第二年，运河向西延伸到了加尔格雷夫。又一年，从斯基普顿到利兹段以及与艾尔和卡尔顿航运的连接完成。奔宁山脉西，利物浦到维冈段在1781年通航。但是随后的工程大部分停滞不前，直到1816年工程师才完成了整个路线。

拍摄于20世纪50年代早期，一艘驳船从最低一层船闸驶出向东前往希普利和利兹。

朱利安·汤普森/在线交通档案

运河最终延伸了大约204千米，其中包括91个水闸，有8个位于宾利：一个三层升降船闸和一个五层升降船闸。

宾利的五层升降船闸包括五个船坞和六套双扇门。这组船闸迄今为止仍旧是大不列颠群岛上最陡的一组船闸，平均坡度为五分之一。它的设计由朗博瑟姆完成，船闸由当地的石匠（包括来自威尔斯登的约翰·苏格登，来自宾利的乔纳森·法拉尔、巴纳布斯·莫尔维尔和威廉·威尔德）建造。在98米的距离内驳船可以升高或降低18米。1774年3月21日首航时一艘下降的驳船花了28分钟。大约有3万民众参加了新段运河的首航庆祝。《利兹报信者》记录了当时的情况："人们用宾利的钟声、乐队的奏乐、附近民兵的鸣抢和观众的欢呼来庆祝这件令人兴奋和期待已久的大事，上述所有的行为都是这个重要事件应得的。"

由于从利兹到利物浦的休闲游轮非常热门，已经被列为一类保护建造的宾利五层升降船闸仍在使用中。但是这种台阶式的船闸使用非常复杂，必须雇用全职的船闸控制人员，而船闸在非上班时间是锁住不可使用的。

20. 镗床

约翰·威尔金森　——斯塔福德郡，英格兰　——1774 年

蒸汽发动机是工业革命的主要动力，但是在约翰·威尔金森发明镗床之前，却很难制造出符合合理公差的发动机。

科技的进步通常取决于两件事——材料科学和制作能力。这一点在蒸汽机的发展中得到了最好的证明，蒸汽机只有在能够产生更高压力的时候才能产出更多动力。但是对于早期的先驱者，当时的加工工艺都太原始，以至于他们只能进行低压设计。例如，詹姆斯·瓦特——作为蒸汽动力的早期倡导者而著名（见第 60 页，27. 惠特布雷德发动机）——就找不到能够为他设计的发动机的气缸精确钻孔的人。因为不能有效地保证活塞处密封，活塞处的泄漏导致大量能量损失。

1774 年约翰·威尔金森发明了一种可以达到更小公差的镗床，它是工业技术上的一个重大进步。在以前的设计中，切割工具只在气缸的一端固定。因此切割进行时产生的力会导致工具的大量偏移，产生一个不平整的切割面，致使无法密封。在威尔金森的设计中，切割工具固定在气缸两端，这就是所谓的直线镗孔。额外的支撑点极大程度降低了工具的偏移，从而显著提高了精度。由于活塞可以更有效地密封气缸，发动机因此可以在更高的压强下工作而不必担心损失更多能量。

因为威尔金森的镗床工作非常出色，博尔顿和瓦特（见第 60 页，27. 惠特布雷德发动机）与他签订了一份独家合约，为公司的发动机提供气缸。

威尔金森证明了他的镗床在气缸钻孔上表现出色，而后他又开始扩大镗床的应用范围，以解决其他的技术问题。实际上，威尔金森的镗床经常被称为历史上的第一部机床。正是由于镗床的发明，才使

约翰·威尔金森在 1774 年发明的镗床极大改进了钻孔零件的生产，由于它的固有刚性使得它的工作可以满足更小公差的要求。它的这一优点对于生产蒸汽发动机尤其重要，因为这意味着蒸汽机在产生更多的能量的同时也能更有效地输出能量。精确度对炮弹零件加工也至关重要。简·韦布鲁根在画中描绘了伍尔维奇皇家军工厂里的一架卧式镗床。它的设计同威尔金森的相近但不相同。

得高压蒸汽发动机的存在成为可能。这种高压蒸汽发动机被广泛地用于驱动钢铁厂的轧钢机、锻造锤以及康沃尔深层矿井的抽水泵等机器中。

21. 三磨坊工业园

丹尼尔·比森 ——伦敦，英格兰 ——1776 年

作为英国工业革命最重要的历史遗迹之一，如今的三个磨坊只剩了两个，但是它们仍然是大不列颠最大的潮汐磨坊。

利河发源于奇尔特恩山，它先向南后向东最后成为了泰晤士河的一条主要支流，并在伦敦东部与泰晤士河汇合。历史上，利河一直是城市下游的饮用水和各种工业用水的来源。

三磨坊坐落在米尔米德，这里是利河的支流和人造河道之间形成的一个人工岛屿。驱动磨坊的水则是来自利河的一条分支鲍溪。这些磨坊用来将谷物磨碎制成面粉，也用谷物蒸馏杜松子酒，然后供应伦敦市场。磨坊甚至一段时间用来制造火药。

尽管人们对这个地区知之甚少，但这里在中世纪时就叫三磨坊，并且一直是水磨坊的所在地，也是伦敦现存的最早的工业园区之一。

1776 年，丹尼尔·比森在原来磨坊的所在地建造的豪斯磨坊被列为一类历史建筑。这座磨坊一直运行到了 1941 年，其间因为火灾破坏曾遭遇过一次重建，至今仍是（几乎可以肯定）世界上最大的潮汐磨坊。钟表磨坊和磨坊主大楼也随后很快建成。到 1878 年，这里已经有七架水车了。

豪斯磨坊的五层楼都铺着防雨板，主要的建筑是木制，南面由砖头建造。这个建筑横跨铸铁梁上的轧道，有一个顶部和三个水下水轮。这些水车通过蓄水生成一个 57 英亩（约 0.231 平方千米）的池塘，一边驱动八对磨盘，另一边驱动四队磨盘。几百年来，在这里磨碎谷物生成的面粉供伦敦人制作面包，磨出的杜松子酒是伦敦人前进的动力。然而 20 世纪 40 年代的伦敦大轰炸永远改变了这一切，好在部分建筑已经被修复了，而且还在筹款完成剩余部分的修复工作。

磨坊主大楼在空袭中几乎被全部摧毁，并在 20 世纪 50 年代末被

拆除。钟表磨坊是1817年在一个早期磨坊的基础上改建的，当初使用的是伦敦库存的砖，顶部是石板屋顶，现在只有精心制作的钟楼保留了下来。这是一个运行中的酒厂，里面有三个由利物浦的福塞特公司制成的水下铁转轮，一个直径5.9米，另外两个6.1米。它们以每分钟130转的速度驱动六个磨盘。一直到1952年酒厂关闭。

1993—1994年，在欧盟的支持下，利河潮汐磨坊信托基金重建了磨坊主大楼。现在它已被列为一类历史建筑。在工业革命时期，这里磨碎的谷物用于制作面包和杜松子酒，以维持伦敦大部分地区的生活。

默文·兰兹/维基公共资源（CC BY-SA 4.0）

22.《国富论》

亚当·斯密　——苏格兰 / 美国　——1776 年

通过对政治经济学的第一次全面分析，亚当·斯密开启了传统经济学理论的先河，明确了分工、资本使用和自由贸易的关键作用。

亚当·斯密是苏格兰启蒙运动在18世纪中后期时的重要人物之一。这些思想家其中也包括大卫·休谟，他们创造的哲学和经济学理论构成了工业革命的基础。

议会图书馆

亚当·斯密（1723—1790）是苏格兰启蒙运动的主要代表人物之一，他在《国富论》（*Wealth of Nations*）这部影响深远的著作中阐述了有关放任自由资本主义的经济理论。

18 世纪的爱丁堡被称为北方的雅典，它在欧洲经济与政治的地位举足轻重，几乎可以媲美格拉斯哥作为学术中心的地位。在苏格兰的启蒙运动中，作家和学者例如托马斯·里德（1710—1796）、大卫·休谟（1711—1776）、杜加尔德·斯图尔特（1753—1828）和托马斯·布朗（1778—1820）都是那个时代哲学思想发展上具有影响力的人物。然而，在这些思想家中最有影响力的却是亚当·斯密。尽管他已经去世 200 多年了，但是作为一个经济理论学家，他的存在仍具有很大的影响力，这一点只要想想亚当·斯密学院就一目了然了。

亚当·斯密出生在法夫郡柯科迪，不过他的指导老师是格拉斯哥大学的一位苏格兰启蒙运动人士弗朗西斯·赫奇森（1694—1746）。他在牛津大学（他认为这里的智力挑战不如格拉斯哥大学）完成了学业后，开始了在爱丁堡和格拉斯哥的工作。1759 年，他出版了第一本著作《道德情操论》（*The Theory of Moral Sentiments*）。但是被人们永远记住的却是他在 1776 年出版的一本书——《国富论》。在这部书及随后的著作中，亚当·斯密颠覆了半个世纪以来被人们普遍接受的经济学理论。

自文艺复兴以来，商业本位主义一直主导着经济学理论。这种思想认为世界的财富是有限的，经济体或国家通过积累更大比例的财富获取在世界的主导地位。人们认为，国家可以采用很多种方式来获取财富，比如征服、贸易限制等。但是，亚当·斯密否定了这一观点，而是开创性地提出了自由贸易的理念，他认为私有企业和利润是促进繁荣的动力。根据亚当·斯密的假设，财富不但不是有限的，而且通过分工和竞争获得，人们还可以创造财富。

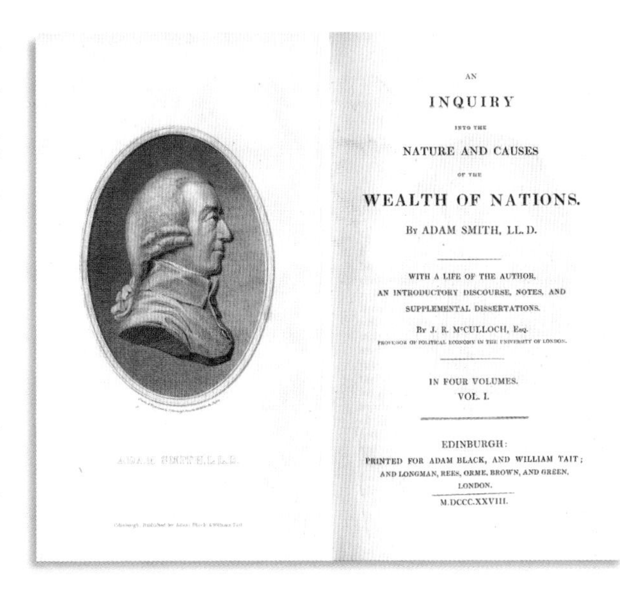
ADAM SMITH, LL.D.

AN
INQUIRY
INTO THE
NATURE AND CAUSES
OF THE
WEALTH OF NATIONS.
By ADAM SMITH, LL.D.

WITH A LIFE OF THE AUTHOR,
AN INTRODUCTORY DISCOURSE, NOTES, AND
SUPPLEMENTAL DISSERTATIONS.
By J. R. M'CULLOCH, Esq.
PROFESSOR OF POLITICAL ECONOMY IN THE UNIVERSITY OF LONDON.

IN FOUR VOLUMES.
VOL. I.

EDINBURGH:
PRINTED FOR ADAM BLACK, AND WILLIAM TAIT;
AND LONGMAN, REES, ORME, BROWN, AND GREEN,
LONDON.
M.DCCC.XXVIII.

《国富论》第二版第一卷的卷首插图，1778年出版。亚当·斯密的开创性工作奠定了自由市场经济的理论基石，并一直影响到现代的经济政策。

作者收藏

在19世纪初，大部分的经济体仍是保护主义者，但是随着亚当·斯密的理论越来越被广泛地接受，自由贸易和不干涉的概念开始盛行。虽然对自由贸易等观点仍有公开的辩论——比如19世纪40年代英国废除谷物法的争论——但是到了19世纪末，自由贸易和竞争已经主宰了大多数的世界主要经济体。

亚当·斯密死于爱丁堡，享年67岁。在圣吉尔斯大教堂前有一座他的纪念碑。铜像由亚历山大·斯托达德创作，并于2008年揭幕。

23. 骡机 / 走锭纺纱机

塞缪尔・克朗普顿　——兰开夏郡，英格兰　——1779 年

走锭纺纱机是纺织业纱线生产的又一进步。在鼎盛时期，仅兰开夏郡一地就有 5000 万纱锭在工作。

直到 18 世纪 70 年代，纺织业仍旧是家庭手工作坊，妇女摇着粗纱纺纱机生产纱线，这是一个缓慢、劳动密集型的过程。虽然约翰・凯发明了飞梭（见第 16 页，5. 飞梭），但是纺纱女工根本不可能生产出足够的纱线以满足织布工人的需要。1779 年，塞缪尔・克朗普顿（1753—1827）发明了骡机（走锭纺纱机），一种可以纺棉花和其他纤维的机器，一切都改变了。

克朗普顿的第一台木制骡机从本质上讲是阿克赖特的水力纺纱机（见

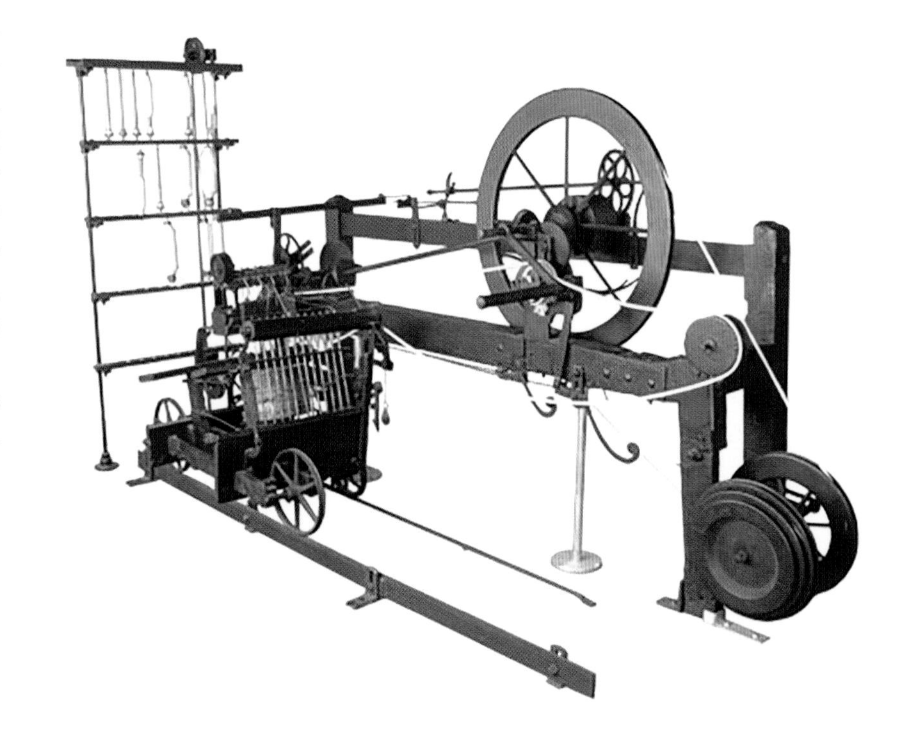

纺纱骡机（这里是一个缩小的版本）是纺织业向大规模纱线生产迈进的一步。每个骡机可以长达 46 米，最多可安装 1320 个纱锭。在纺纱骡机最盛行的时候，仅兰开夏郡一地就有 5000 万个纱锭在运转。

博尔顿（Bolton）图书馆和博物馆服务

第 40 页，17. 棉纺机）和詹姆斯·哈格里夫斯的珍妮纺纱机（见第 36 页，15. 珍妮纺纱机）的巧妙结合。它有 48 个纱锭，每天可以生产 0.45 千克强度足够的细线。由于既可以生产经纱又可以生产纬纱，骡机很快就畅销起来。操作骡机仍旧需要很多的人工。每个机器本身必须配备一个监察员和两个男孩（一个是小计件工，另一个是大计件工或边计件工）。

版画《沉思中的塞缪尔·克朗普顿》。1800 年查尔斯·阿林厄姆绘，詹姆斯·莫里森制作版画。

作者收藏

克朗普顿因为负担不起申请专利的费用，将自己的设计卖给了大卫·戴尔，后者则从中获取了利润。在这之后，很多人都对纺纱机的机械原理和材料做了一系列的改进。例如，传动带被齿轮系统取代，滚轴从木制改为了金属。第一个骡机是动物驱动的，随着时间的推移，越来越多地改为了水力驱动。

尽管在 1825 年理查德·罗伯茨的自动骡机（见第 134 页，64. 走锭纺纱机）代替了克朗普顿的设计，但是两者的基本原理并没有什么太大变化。事实上从 1790 年到 19 世纪末骡机一直是使用最广泛的纺纱机，当时一个典型的棉纺厂配备 60 多台骡机，每台骡机有 1320 个纱锭。直到 20 世纪 80 年代，这种纺纱机还被用于纺细纱。

24. 铁桥

亚伯拉罕·达比三世 ——什罗普郡，英格兰 ——1779 年

什罗普郡的铁桥是第一座用铸铁建造的大桥。它的成功预示了这种新型材料的巨大潜力。

亚伯拉罕·达比在煤溪谷采用焦炭炼铁（见第 8 页，1. 铸铁厂）取得的成果促使什罗普郡这一地区的经济迅速发展。随着经济的发展，人们意识到现有的跨越河流的方式——位于上游 3 千米处的彼得沃森村的桥——已经不能满足需要。

在规划布罗斯利和马德雷之间的新桥时，有许多因素决定了桥的结构。首先这条河仍旧是来往什鲁斯伯里的主要交通干道，因此这座桥必须是单拱，以便船能够从桥下畅通无阻地行驶。其次，设计师还必须考虑峡谷的陡峭侧壁和不稳定性。1772 年建筑师托马斯·法诺尔斯·普里查德（1723—1777）写信给当地铁匠约翰·威尔金森首次提出了铁桥的概念。两年后，亚伯拉罕·达比三世（1750—1789）也就是先驱者亚伯拉罕·达比的孙子，成为了财务主管，他推出了一项建造单拱桥的订购提议。1776 年 3 月，一项议会法案授予了建造大桥的权利，并且由达比负责提供铸造大桥所需的铁。但是铸铁的订单在两个月后被取消了，因为受托人对大桥结构存在质疑，希望仍就用传统的材料建造。不过由于没有合适的新设计出台，受托人又转头采用了铁桥的概念。

1777 年 11 月，工人在两岸竖立起了石质的拱座，大桥地基开始建造。随后，桥梁工人开始铁结构部分的施工，并在 1779 年 7 月 2 日完成跨河施工。这座桥最终于 1781 年 1 月 1 日通行。

完成后的结构跨度 30.63 米，它的建造方式与木匠建造木桥十分相似。它由 5 个平行的梁构成，包括将近 1700 个独立铸铁部件。每一个部件都是独一无二的，表面上相似，其实尺寸都略有不同。总的来说，

整个结构将近使用了 385 吨铁，而且都由达比一人提供。

自从这座桥通行以来，曾经有过几次大修，部分原因是峡谷的不稳定性，在当地有数次山体滑坡的记录（20 世纪 70 年代初，工程师在河里建造了一个钢筋混凝土的仰拱来抵抗桥的向内移动，否则桥就坍塌了）。随着桥上的交通越来越繁忙，1934 年该桥被改成了人行桥（同年被列入了古代遗址列表）。现在，这座桥是联合国教科文组织认定的世界遗产，同时也一直是重要的旅游景点。

这是第一座由铸铁建造的大桥，桥的高度必须允许在塞文河上航行到达什鲁斯伯里的船只可以在桥下顺利通过。

25. 枪塔工艺

威廉 · 沃茨 ——布里斯托尔，英格兰 ——1782 年

在枪塔发明之前，铅弹的生产还是一个缓慢、昂贵而且随意的事情。枪塔这种新工艺颠覆了原有生产方式，既提高了铅弹的数量又降低了成本。

霰弹枪既可用于运动，又可用于狩猎，通常可以向 35~45 米远的目标发射大量的圆形小铅球。它们在 18 世纪末非常流行。但是枪身的制作方式非常原始，使得它的造价昂贵而且质量不稳定。一个名叫威廉 · 沃茨的水管工提出一个可以降低成本并且提高质量的建议。他推断，如果把熔化的铅水通过筛子滴入冷水中，那么就可以形成球形的铅弹。

枪塔原理示意图。B 点的火焰将 A 点的铅熔化。熔化的铅水经过滤网 C 最后落到水池 D 中。在下落过程中，由于表面张力使得铅形成几乎完美的球形。水池冷却球体并使其凝固。

科学图片库

经过一些实验后，沃茨发现熔化的铅需要经过很长距离的下落才有足够的时间冷却形成球体。1775 年，他开始把自己在布里斯托尔雷德克里夫的房子进行改造，以适合铅弹的生产。首先他在房顶加了一个塔，而后又在下面挖了一个竖井，整个落差 27 米。他在最底部放了一个

水池，然后在顶部通过打孔的锌板制成的筛子倒入熔化的铅。随着铅的下落，表面张力使得铅水形成了一个个小球，它们冷却到足以凝固，并且以固体小球的形态落入下面的冷水中。沃茨将这些小球按大小分类，而将不够标准的重新熔化。

坐落在切斯特的布格顿的枪塔矗立在什罗普郡的联合运河旁边。建成于1799年，它有可能是全世界最古老的枪塔之一。这种结构彻底改变了铅弹的生产，并且大大地降低了成本。

这个过程非常成功，沃茨因此获得了专利。但是不幸的是，他的商业头脑比不上他的创新能力，不到20年他就宣布破产了。不过，沃茨制作铅弹的系统却很不错。世界各地建造了不少类似的塔楼。而当制造商需要更大的铅弹时，可以通过加高塔楼使得冷却的时间更长。

26. “派罗斯卡夫号”

克劳德－弗朗西斯－多罗丝　——里昂，法国　——1783 年

很多人曾尝试设计蒸汽驱动的船，但是朱弗罗伊·达班斯侯爵的“派罗斯卡夫号”（希腊语意为“火船”）却是第一个成功的。它为船只驱动方式的革命铺设了道路。

朱弗罗伊·达班斯侯爵克劳德－弗朗西斯－多罗丝（1751—1832）多年来一直在尝试蒸汽动力船。1776 年侯爵取得了首次（部分）成功，由纽科曼发动机驱动的“帕尔米普号”在流经弗朗什县博代拉达的杜布河上试航。他的下一艘船命名为“派罗斯卡夫号”，它的船身要大一些，有 13 米长，船桨配备着由旋转铰链连接的襟翼，是模拟水禽的蹼足设计的。1783 年 7 月 15 日成千的观众来到里昂的索恩观看试航。具体的细节不太清楚，但是 15 分钟后，船体在引擎撞击下开裂了，锅炉也开始漏气。这些都是蒸汽船的常见问题，之后这艘船又被修理过几次也尝试过几次下水。

不过，侯爵对“派罗斯卡夫号”的表现并不满意，而着手改造。这次的船体长 46 米，梁约 4.6 米，排水量 163 吨，配备了三名船员。水平发动机牵引往复式机架，该机架与轴上的棘轮咬合，而这些棘轮支撑船身两次一边一个的两个大

朱弗罗伊·达班斯侯爵的塑像面对杜布河，矗立在法国贝桑松的赫尔维蒂公园。很多人认为他是蒸汽机船的第一位发明者。他的“派罗斯卡夫号”蒸汽机船建造于 1783 年。他曾经试图为自己的设计申请专利，但是却先后受到了法国科学院和法国大革命的阻挠。

桨轮。这种双棘轮的机械结构驱动桨轮不断的转动。

16个月来，“派罗斯卡夫号”往返于里昂和利勒巴贝之间运送货物和乘客。由于这一成功，侯爵向政府申请开办蒸汽机船的执照，但是官僚们却把责任推给了法国科学院。

侯爵试图为他的发明申请专利，制造了一个小模型用于检验，这个模型现藏于巴黎海军博物馆。他希望全尺寸的版本可以在巴黎的塞纳河上试航，但是遭到了拒绝。院士们最终宣布他的设计结果不确定，政府拒绝了他的要求。随后大革命爆发了，专利从未被授予。

侯爵就蒸汽机船撰写了一篇论文，而后就停止了实验，并且消失在了自我放逐中。相反，一位美国发明家罗伯特·富尔顿（见第68页，31. 首个蒸汽船定期航运服务）却成功研制出了蒸汽船。人们普遍认为是他找到了解决蒸汽机船问题的方案。富尔顿十分慷慨地指出他的成功有侯爵的功劳，但是侯爵本人，却被遗忘，于1832年死在了巴黎。

到19世纪中，在国际贸易中蒸汽机船已经完全取代了帆船。

蒸汽机船“派罗斯卡夫号”。1783年7月15日法国的索恩河上，上千名兴奋的观众见证了它的首航。这幅插画刊登在1900年12月23日的《小杂志》（*Le Petit*）上。

艺术媒体/印刷品收藏/华盖创意

27. 惠特布雷德发动机

马修·博尔顿和詹姆斯·瓦特 ——苏格兰 ——1784 年

詹姆斯·瓦特发明的蒸汽发动机在工业革命中的作用至关重要。蒸汽发动机的新技术启发了工程师和发明家们，他们继而发明的新技术和产业推动了英国经济的未来。

瓦特是一位苏格兰的仪器制造商。他发现现有的蒸汽驱动工作气缸的技术处于发展停滞状态，但是如果与一个分离的冷凝器相结合就可以生成部分真空（也被称为空气热机）。1769 年瓦特申请了专利，他的这个创新的想法是希望工作气缸永远热而冷凝器永远冷。他同伯明翰的实业家马修·博尔顿一起在 1775 年将设计概念转化成了产品。瓦特继续对梁式发动机进行改进，几年后，他终于制造出两端都有密封活塞的双向气缸。气缸两端的活塞都有蒸汽，这样就形成了一种双向的发动机，活塞的上下运动都可以做功。

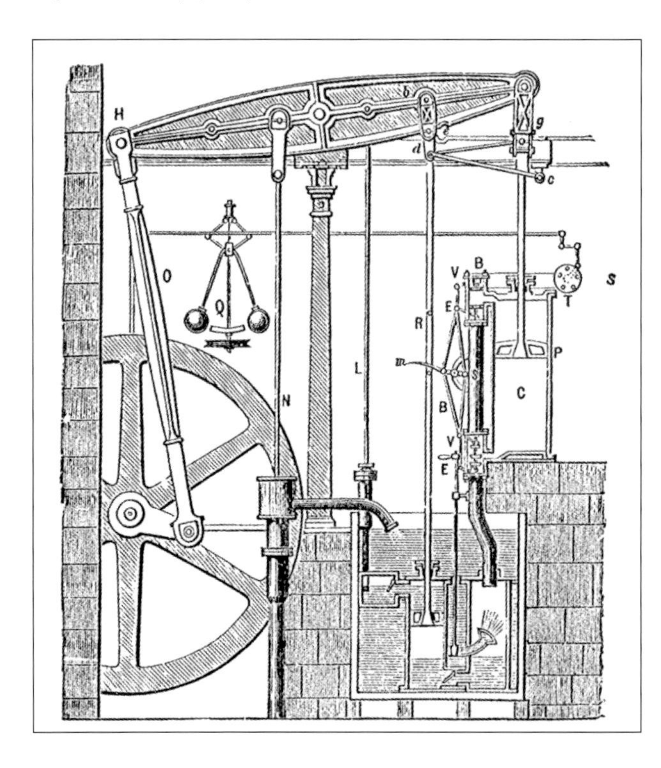

1784 年绘制的一张博尔顿－瓦特蒸汽机的图解。他们对蒸汽发动机的研制使得他们在工业革命中具有最重要的地位。毫不夸张地说，如果没有他们的发明，18 世纪和 19 世纪早期的技术发展根本不会发生。 作者收藏

1784 年瓦特为萨缪尔·惠特布雷德（1720—1796）制造了一台发动机用于替换伦敦啤酒厂原有的马拉磨坊。这台发动机在第二年安装使用，它所增加的强大动力使得惠特布雷德成为了英国最大的啤酒制造商。发动机的传动装置连在一组木制的轴上，这些轴则连着一个个用于碾压麦芽的滚筒。阿基米德螺旋将麦芽提升到料斗中，卷扬机用于提升质量大的成分，三个活塞的泵用于移动啤酒，大桶内还有一个搅拌器。另外一个泵连接在发动

机的横梁上，用于将地面的水压到房顶的水箱中。这个发动机在啤酒厂一直使用到 1887 年。

惠特布雷德发动机是第一个旋转梁式发动机。它将横梁的直线往复运动转化为了旋转运动，从而可以提供持续的动力。这台发电机退役后并没有被损毁而是被惠特布雷德捐献给了澳大利亚悉尼的动力博物馆作为一种教学工具。现在它已经被修复，可以用于正常生产了。

詹姆斯·瓦特——他的名字被用作国际单位制中测量功率的单位——从很多方面衡量，都可以被称为是工业革命之父。他的发动机，特别是同马修·博尔顿合作后，为工业革命提供了动力。

现存最古老的博尔顿－瓦特蒸汽机车被称为惠特布雷德发动机，它是澳大利亚悉尼动力博物馆的永久藏品。它是最早的旋转梁式发动机，使用的是一种称为“太阳与行星”的曲柄结构而不是普通的曲柄传动。

纽顿·格拉菲蒂 / 维基共享（CC BY-SA 2.0）

28. 灯塔灯

艾米·阿尔冈和马修·博尔顿　——伯明翰，英格兰　——1784 年

阿尔冈灯塔灯极大地提高了灯塔光线的可视性，使得它更亮也更稳定。这种灯挽救了无数海上的生命，并且成为了行业标准。

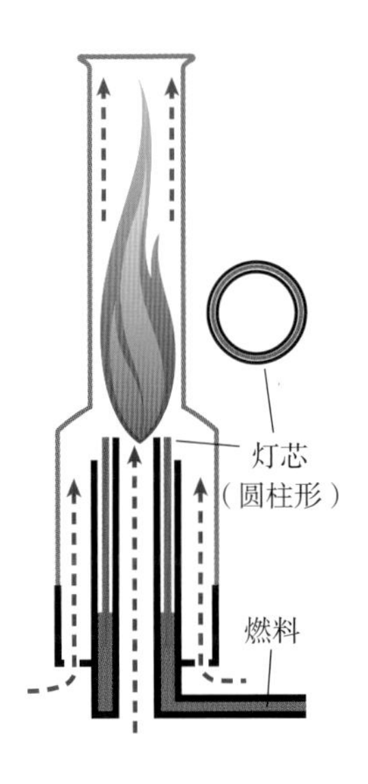

阿尔冈灯工作和气流的示意图。

特里·派博

18世纪末之前的灯塔使用燃烧的柴堆或多根蜡烛来照亮，随之而来的是明火照明带来的各种问题。1782 年瑞士物理学家和化学家艾米·阿尔冈（1750—1803）和他的英国合作人马修·博尔顿对灯塔灯进行了革命性的改造，这种新型灯塔灯成为之后一百多年里的业界标准。

这项创新包含一个中空的圆柱形灯芯，可以使更多的氧气与火焰接触。这样发出的光更亮也更稳定。他又在灯芯的上面安装了一个烟囱，改善了氧气的上升气流，从而进一步稳定火焰。这个系统使用燃料更有效也更经济，同时火焰发出的光更亮，还伴随更少的烟。灯芯由安装在燃烧器上方的油盒通过自重供给燃料（不同于从下面的油盒汲取燃料）。一般油灯使用鲸鱼油、菜籽油、橄榄油或其他植物油为燃料。然而这种灯也存在头重脚轻会反倒的问题。1780 年阿尔冈为他的设计申请了专利，但是他却没有从中获利。其他人，特别是在美国，利用了他的设计却没有支付费用。

1784 年，阿尔冈前往英国寻找合伙人来生产他的灯，特别是为灯塔生产可靠灯具。他找到了当时正在和詹姆斯·瓦特合作的马修·博尔顿（见第 60 页，27. 惠特布雷德发动机）。博尔顿是一位伯明翰的制造商和金属制品的先驱。阿尔冈早期生产的灯使用磨砂玻璃，偶尔会

在灯芯周围着色。后来的灯在火焰上方增加了一个二氧化钍的悬浮物，从而产生更亮更稳定的光。

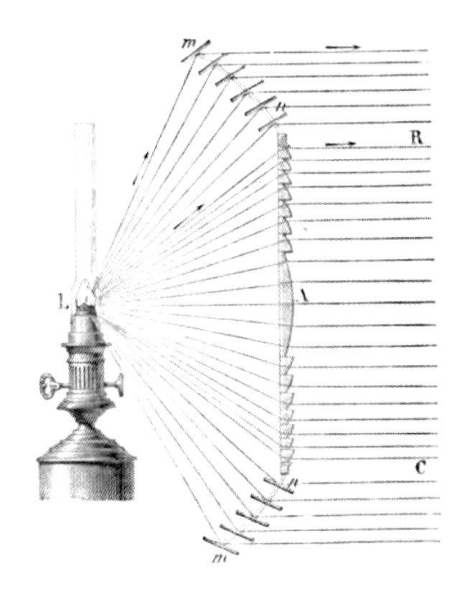

菲涅尔灯塔透镜示意图。显示了光线在不同环形截面和角度下的衍射。比起以前的透镜，菲涅尔透镜可以将光线传递到远得多的地方，向海员及时发出海岸危险的预警。

维基共享

菲涅尔透镜

最初由法国物理学家奥古斯丁·让·菲涅尔研制，这种透镜专门为灯塔设计，目的就是将光投射到海面更远的地方。菲涅尔没有依靠单一的巨大透镜提供不同焦距，而是设计了一个由同心环形截面做成的透镜（这也减少了玻璃的用料）。整套的透镜系统是曲面和平面的结合。

第一次使用菲涅尔透镜的记录是在 1823 年。科杜安灯塔位于法国重要港口波尔多吉伦特河口。使用菲涅尔透镜后，灯塔光线的可视半径超过了 32 千米。

菲涅尔为灯塔制造了六个尺寸不同，焦距不同的透镜。特别是与阿尔冈－博尔顿灯相结合，拯救了海上数以千计的生命。

29. 动力织机

埃德蒙·卡特赖特　——唐卡斯特，英格兰　——1785 年

埃德蒙·卡特赖特的动力织机彻底改变了纺织工业。虽然它的设计还不完美，但是它拥有很多重要的创新技术，并为之后研制更好的织机铺设了道路。

埃德蒙·卡特赖特（1743—1823）对如何使用非人力来驱动织布机这个难题十分着迷。他第一次尝试解决这个问题是在 1784 年，只是结果却不值一提。不过，他的第二次尝试就好得多了，还在 1785 年获得了专利。这一次确定下了一些操作范例，其中包括一系列详尽的机制用来以特定方式控制纱线，并极大地提高了机器的性能。虽然这些机制还很粗糙，但是它们很好地展示了动力织机的原理，并且之后还被其他的发明家进行了改进。

尽管如此，这项发明在手工织机工人中并不受欢迎，因为他们的工作受到了威胁。1790 年，工业家罗伯特·格里姆肖（1757—1799）在曼彻斯特的诺特磨坊建造了一个织布厂。他计划安装 500 架卡特赖特织机，但是刚刚安装了 30 架，工厂就被可疑的大火烧毁了。从这件事可以看出当时的仇视情绪是多么的强烈。

埃德蒙·卡特赖特是一位发明家，也是英国教会的牧师。这是詹姆斯·汤普森依据罗伯特·富尔顿创作的肖像画制作的版画。

科学图片库

卡特赖特并没有被这些问题吓到，而是在唐卡斯特将他的最新织机投入了生产。随着织机的使用，各种问题不断涌现出来，卡特赖特也不断地改进以规避问题完善织机。这些改进中就包括加入了一个停机装置，在梭子没有进

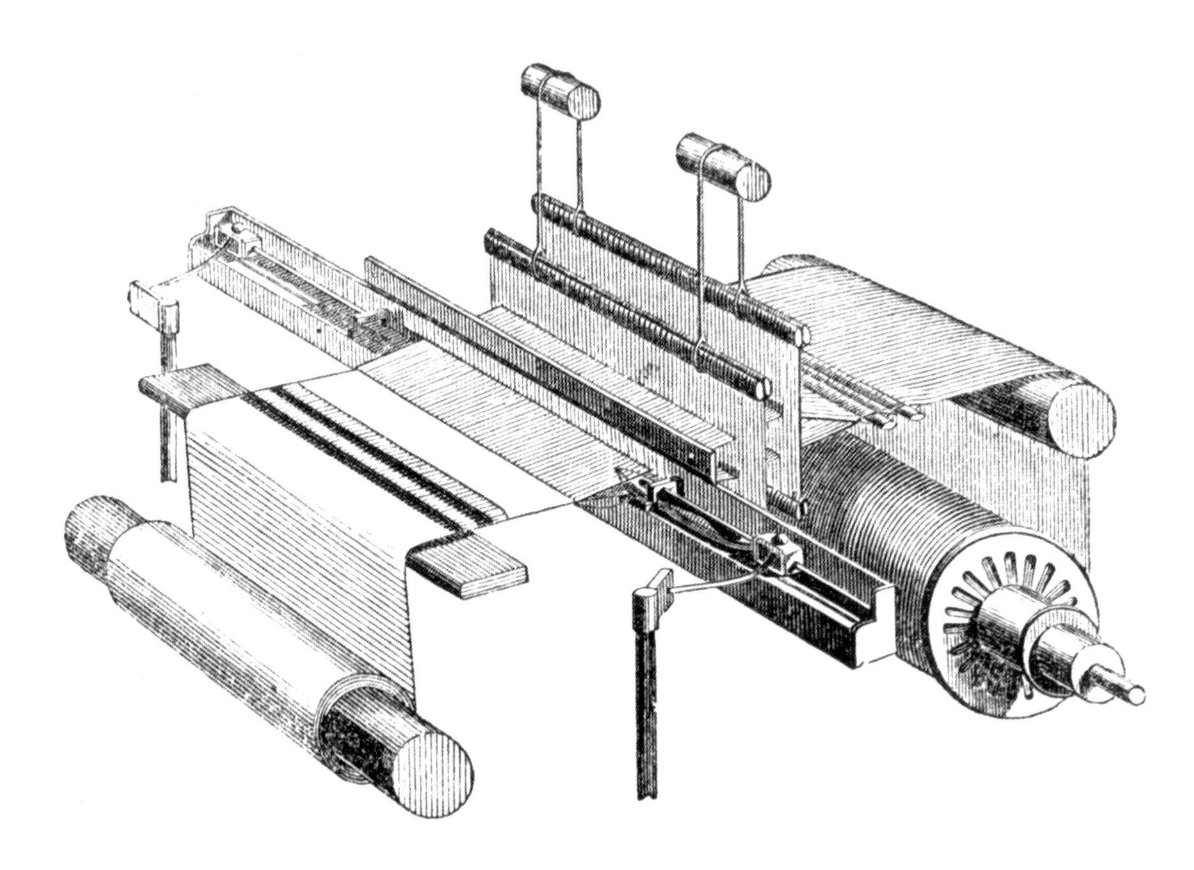

入梭箱时可以停止织机，还加入了一个特殊的自动拉伸织物瑕疵的功能。不幸的是，卡特赖特并不是一个很好的商人，他的债权人在 1793 年收回了工厂。

尽管他的织机设计本身并没有在商业上取得成功，但是却彻底改变了纺织业。为了感谢他对国家经济做出的贡献，1809 年英国议会为卡特赖特的发明颁发给他 10000 英镑的奖金。1821 年，他当选为英国皇家学会会员。

埃德蒙·卡特赖特发明的动力织机示意图。虽然这个设计还远不能称作完美，但却是纺织品制造业的又一进步。它身上体现了很多重要的创新技术，为今后的改进版本铺设了道路。

华盖创意

30. 脱粒机

安德鲁·米克尔 ——东洛锡安，苏格兰 ——1786 年

将谷壳脱离谷物是收获过程的一个重要步骤。米克尔的脱粒机极大提高了粮食产量，并且是推动磨坊发展的重要因素。

自从人类开始农业收割活动以来，谷物脱粒就是不可避免的一个环节。从圣经到古希腊的神话，这个过程在早期的文字记载中屡见不鲜。尽管 18 世纪初一位名叫迈克尔·门齐斯（1766 年去世）的发明家曾经试图寻找一个更有效的方法，但是直到 18 世纪末脱谷的方法也几乎没有改变。

农业操作的机械化是工业革命的一个显著特征，其中就包括采用米克尔的脱粒机。在 19 世纪末，蒸汽动力会带来更大的革新。

1778 年在苏格兰东洛锡安的休斯敦磨坊厂工作的技工安德鲁·米克尔（1719—1811）开始研制新型脱粒机。最开始他很有可能借鉴了门齐斯的设计，但是没有成功。后来他又借鉴了来自诺森伯兰的设计，

安德鲁·米克尔发明的脱粒机在收割季节提供了一种能更快地将谷壳与谷粒分离的方法。虽然没有取得商业上的成功，但是它却在磨坊发展上做出了重要贡献，在人口增长时期帮助加快了食物的供应。这幅版画绘制了马力驱动的脱粒机（上图）和改进后的水车驱动的脱粒机（下图）。

韦尔科姆收藏馆

同样没有成功。尽管如此，米克尔没有放弃。他又提出了一种完全不同的工作系统，它的原理类似在亚麻清棉机里从亚麻植物中分离纤维的方法。

这个新设计使用一个强有力的鼓，上面装有拍打器。通过使劲地拍打，谷物的外壳被除去（以前的机器只是搓谷子）。他的设计在 1788 年获得专利，而后投入了生产。米克尔的其中一个买家是乔治·华盛顿，他在 1792 年购买了一架脱粒机出口到美国。当经纪人告诉华盛顿（本身既是个农民，也是士兵和政治家），米克尔的机器使用四匹马和四个人每小时可以打八个四分之一吨（64 蒲式耳）的燕麦时，他非常兴奋。可惜华盛顿对脱粒机的兴趣不足以维持米克尔的生计，他的生意没有取得商业上的成功：1809 年米克尔已经穷困潦倒，两年后就去世了。

31. 首个蒸汽船定期航运服务

约翰·菲奇 ——特拉华河，美国 ——1787 年

约翰·菲奇第一个提出了定期蒸汽船航运服务的理念，罗伯特·富尔顿开发了一项更广泛的服务使得货物可以在北美大陆快速地传递，促进了美国工业革命。

1787 年的特拉华河上，约翰·菲奇展示了第一艘成功的蒸汽机船——“坚韧不拔号”（The Perseverence）。它有一个燃烧木头的锅炉用来驱动六套垂直的木桨，它们推动着船以每小时 5 千米的速度在水上航行。

议会图书馆

约翰·菲奇（1743—1798）发明了第一艘蒸汽船，并且在美国开始提供蒸汽船的定期航运服务。他在船的两侧各安装了一排类似独木舟船桨的装置来通过水推动船前行。1785 年的夏天，菲奇将他的设计拿到了大陆议会希望得到投资，帮助他实现自己的想法。虽然像本杰明·富兰克林和乔治·华盛顿这样的大人物都很欣赏他的设计，但是却没有人愿意投资。

于是，菲奇决定自己建造蒸汽发动机，当他最终找到投资人时，他在 1787 年开始了蒸汽机船的航运。他的船沿着特拉华河在费城和伯灵顿之间航行，但是当局仍旧不热衷支持他。尽管如此，他建造了一艘更大更快的船，这艘船在船尾加装了桨，还有一个更加紧凑的锅炉。到 1790 年，菲奇已经可以提供沿特拉华、费城、伯灵顿和特伦顿之间一周三次的往返航线。他的票价比竞争对手马车便宜，还提供免费的香肠、朗姆酒和啤酒。尽管一个夏天成功航行了 4850 千米，但是航运线路的受欢迎程度还

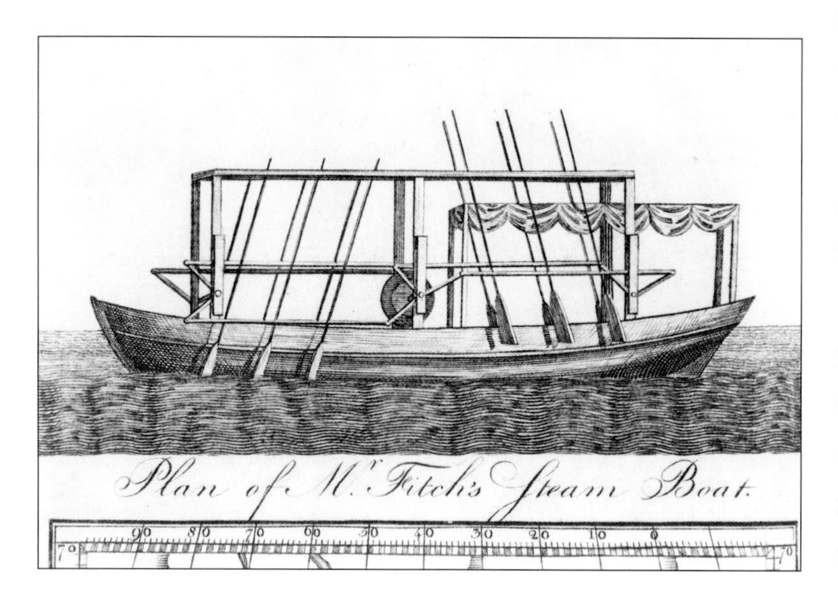

不足以获利。菲奇的蒸汽船获得了专利，但是他本人却被投资人抛弃了。绝望的菲奇回到了法国，但是正在进行大革命的法国人无暇顾及其他的事情。回到美国的菲奇因穷困潦倒而自杀。他被葬在了一个贫民的墓地里。

罗伯特·富尔顿（1765—1815）出生在英国的殖民地宾夕法尼亚，他起先是位肖像画家，在伦敦因为为本杰明·富兰克林绘制的肖像而闻名。而后他的兴趣扩展到了运河和造船。他对蒸汽机的可能用处，特别是驱动船方面十分着迷。

罗伯特·富尔顿的“克莱蒙特号”是第一艘用来提供定期河船服务的蒸汽机船。由于沿哈德逊河的航线取得了巨大成功，他很快将航线延伸到六大主要河流。这样一来，帮助开拓美国内陆，促进北美工业革命的发展。

纽约公共图书馆数字馆藏

1800年，富尔顿首次成功地测试了工作潜艇（潜水船）“鹦鹉螺号”。法国人和英国人都没有兴趣为他投资。1802年，回到美国的富尔顿与罗伯特·利文斯通合作赢得了在哈德逊河沿岸提供蒸汽船服务的独家许可证。

富尔顿将一台特殊的英国蒸汽机安装在了一艘平底方尾的船上，这艘船名叫“克莱蒙特号”。1807年8月17日，“克莱蒙特号”进行了首航，从纽约到奥尔巴尼，航行240千米，平均时速8千米，历时32小时。这次更快捷的沿河航行使得富尔顿的冒险大获成功，定期的航运服务被确立下来。五年的时间内，富尔顿取得了巨大的成功，在六条主要河流上都有定期的航运服务，其中包括在新奥尔良、路易斯安那和纳奇兹之间的蒸汽船、货运船和另外一条穿过切萨皮克湾的航线。

虽然富尔顿不是一个发明家，但是他却是一个有远见的人。他的前瞻性思维使得制造商可以在广袤的美国大陆上快速地运输货物和原料，从而推动了北美的工业革命。这为开拓和定居开辟了道路，推动了美国经济的发展。

32. 气体照明

威廉·默多克 ——康沃尔，英格兰 ——18 世纪 90 年代

当黑暗来临，我们理所当然地打开家中、工作场所和城市的照明。大范围照明成为可能，要归功于默多克对煤气的创新性使用。

威廉·默多克（1754—1839）是一位苏格兰工程师和发明家。他搬到了伯明翰后，在詹姆斯·瓦特（见第 38 页，16. 苏豪工厂）的苏豪铸造厂的模具车间工作。在那里，他很快成为了一名蒸汽发动机的装配专家。1779 年，他被派到康沃尔做博尔顿 - 瓦特蒸汽发动机的安装和维护工程师，为当地锡矿排水。

在康沃尔的时候，默多克对蒸汽发动机进行了多项改进，还做出了很多科学发现。其中之一就是用便宜的英国鳕鱼干提取物替换昂贵的俄国鱼胶来净化啤酒。这项发明节省了大量成本，以至于伦敦的酿酒委员会花了两千英镑来购买这项发明的使用权。

这座位于康涅尔雷德鲁斯十字街的房子是威廉·默多克曾经居住和进行煤气照明试验的地方。这里也可能是第一栋使用煤气照明的住宅。不过，默多克更有可能是在苏豪铸造厂或他个人的工作室第一次点燃了煤气灯。

蒂姆·格林 / 维基共享（CC BY-SA 2.0）

1792 年至 1794 年，家庭和办公场所使用油脂燃烧照明，正是这个时期默多克做出了他最著名的发明——家用照明。有一天，他在壁炉边休息，发现如果把填充满煤粉的烟斗靠近火焰，一股气体从烟嘴溢出，如果点燃这股气体就会发出明亮的光。于是，

1795 年，苏豪铸造厂在伯明翰运河旁西米德兰的斯梅西克建成。它是马修·博尔顿和詹姆斯·瓦特为生产蒸汽发动机而建的。这个工厂自身是合理规划和管理技术的典范，而且要多谢威廉·默多克，还有煤气照明。

科学图像馆

默多克开始对煤和其他物质中释放的气体燃烧后产生的光进行测试。没有人知道他是怎么做到的，很有可能，他将燃烧的煤塞满一个曲颈瓶然后收集释放出来的气体。气体通过一根长铁管被装入旧枪筒中，点燃排出的气体就产生了光。据说这种照明设备被他安置在雷德鲁斯十字街的小屋抑或是他在苏豪区的家中。不过更可靠的消息来自观看过他的演示的目击者，他们说这种照明设备其实是安装在他的车间或铸造厂的。

默多克继续改进他的发明，尝试用不同的物质来改变气体的性质以及如何净化、运输和存储气体。1798 年回到伯明翰后，默多克并没有停止试验，并且在苏豪铸造厂内部的部分地区安装了他研制的灯。1802 年，为了庆祝“亚眠和约”（Peace of Amiens）的签订，默多克点亮了铸造厂的外部。三年后，他为索尔福德的菲利普和李棉纺厂安装了全面的照明设备。最初只有 50 个煤气灯，但是随着煤气灯的不断改进，比如使用石灰来净化气体除去异味，安装数达到了 904 个。但是，默多克犯了一个致命的错误：他没有为自己的发明申请专利，因此也就没有从中获利。直到 1830 年，他都是博尔顿 – 瓦特公司的发明家和合伙人。

33. 轧棉机

伊莱·惠特尼　——佐治亚州，美国　——1793 年

轧棉机加速了棉花的加工，从而无意中引发了一场社会变革，使得数百万的非洲裔美国人在美国南部诸州的生活陷入人间地狱。

出生在马萨诸塞州的耶鲁毕业生伊莱·惠特尼（1765—1825）为了偿还债务，南下到一家种植园做私人教师。他很快发现要想种植陆地短绒棉花获利，棉农就必须找到一个简单的方法把黏黏的绿色棉籽从周围蓬松的棉花球中分离出来。在雇主凯瑟琳·格林（美国独立战争期间纳撒尼尔·格林将军的遗孀）经济和精神上的双重支持下，他决定发明一种合适的机器。他知道自己可以申请 14 年（现在是 20 年）的专利，从而变得富有。几个月后，他发明了一台轧棉机（机是发动机的简称）。

惠特尼的设计是一个简单的机械装置，它把生棉球拉过一系列固定在旋转圆柱形木桶上的线齿，然后再由钩子将纤维拉过一排排狭窄的梳状孔，这些孔挡住了棉籽的通过。这个机器一天可以清理 25 千克棉花。最早的型号是手摇的，后来更大的机器改为了马或水力驱动。惠特尼的机器极大地提高了处理棉花的速度，但是他的专利（1794 年申请，1807 年获准）却被广泛地藐视了。尽管惠特尼多次把侵权者告上了法庭，他几乎没有从这项专利里挣到任何钱。1797 年他破产了。

伊莱·惠特尼的肖像。尽管他的轧棉机取得了巨大成功，但是惠特尼却没能从中获利，因为他的专利被广泛地藐视了。惠特尼花了很多年追踪侵权行为，但是侵权行为多得根本无法阻止，而且棉花的利润太巨大，南方种植园主也不会舍得放弃压榨他。
议会图书馆

轧棉机无意中导致了无情地榨取被强迫的劳动者——奴隶制度——的现象存在。成百万被俘的非洲人被运到了大西洋彼岸的种植园残酷地劳作，而且随着越来越多的南部地区种植棉花，这个数字还在不断增加。尽管在英国废弃了奴隶制度，但是由于与美国南方的联系，英国仍旧是奴隶制度的帮凶。

议会图书馆

轧棉机对经济和社会的影响是巨大的：到了19世纪中叶美国种植和供应了世界上四分之三的棉花，这使得南方的种植园主变得特别富有。进而助长了这些种植园主对土地的贪婪，也增加了他们对奴隶的需求。1790年时只有6个奴隶市场，这个数字急剧增加，到1860年已经达到15个。1860年美国的人口普查数据显示，美国奴隶总人口达到395万人，平均每三个南方人里就有一个是奴隶。

棉花需要采摘者——特别是在发明了轧棉机之后。巴富特绘制后着色的平版印刷画。

韦尔科姆基金

34. 液压机

约瑟夫 · 布拉默 ——巴恩斯利，英格兰 ——1795 年

如果没有布拉默的液压机，工程师进行的一些设计和制造工艺即使不是无法实现，也是非常困难的。

工业革命时期当一个工程师希望制造更大尺度的机器时，他必须克服的一个问题就是现有的工具不够强大，无法满足生产上的需要。在构建多部件产品时，一个基本的过程就是把一个部件压在另一个部件上，由压力而带来的两部件之间的摩擦力使得部件不会分离。如果把机器的尺寸扩大一倍，那么就需要远不止两倍的压力在部件上。能解决这个问题的唯一办法是更强劲的压力机。

不知名的画家绘制的英国发明家和锁匠约瑟夫 · 布拉默的肖像。布拉默生于约克郡巴恩斯利的斯坦堡。

科学图像图书馆

来自英格兰约克郡巴恩斯利的发明家约瑟夫 · 布拉默（1748—1814）在研制液压机时提出了解决方案。布拉默是一位高品质的锁具制造商，习惯于设计自己的机械工具。他的成功很大程度归功于他对工艺和零部件检验方面的高标准。这些是能够生产精确而又可靠机械的原因，也使得布拉默在今天被视为工业标准控制的元勋。

布拉默的压力机利用了帕斯卡的流体力学原理：在一个封闭的系统压力保持恒定不变。为了能施加所需的力，布拉默在大气缸里加入了一个小气缸，通过小气缸中活塞的往复运动为大气缸逐步加压，在活塞的另一端是实际加压用的活塞。通过这种方式，缓慢施加的力被放大了，以至于很小的力就可以产生

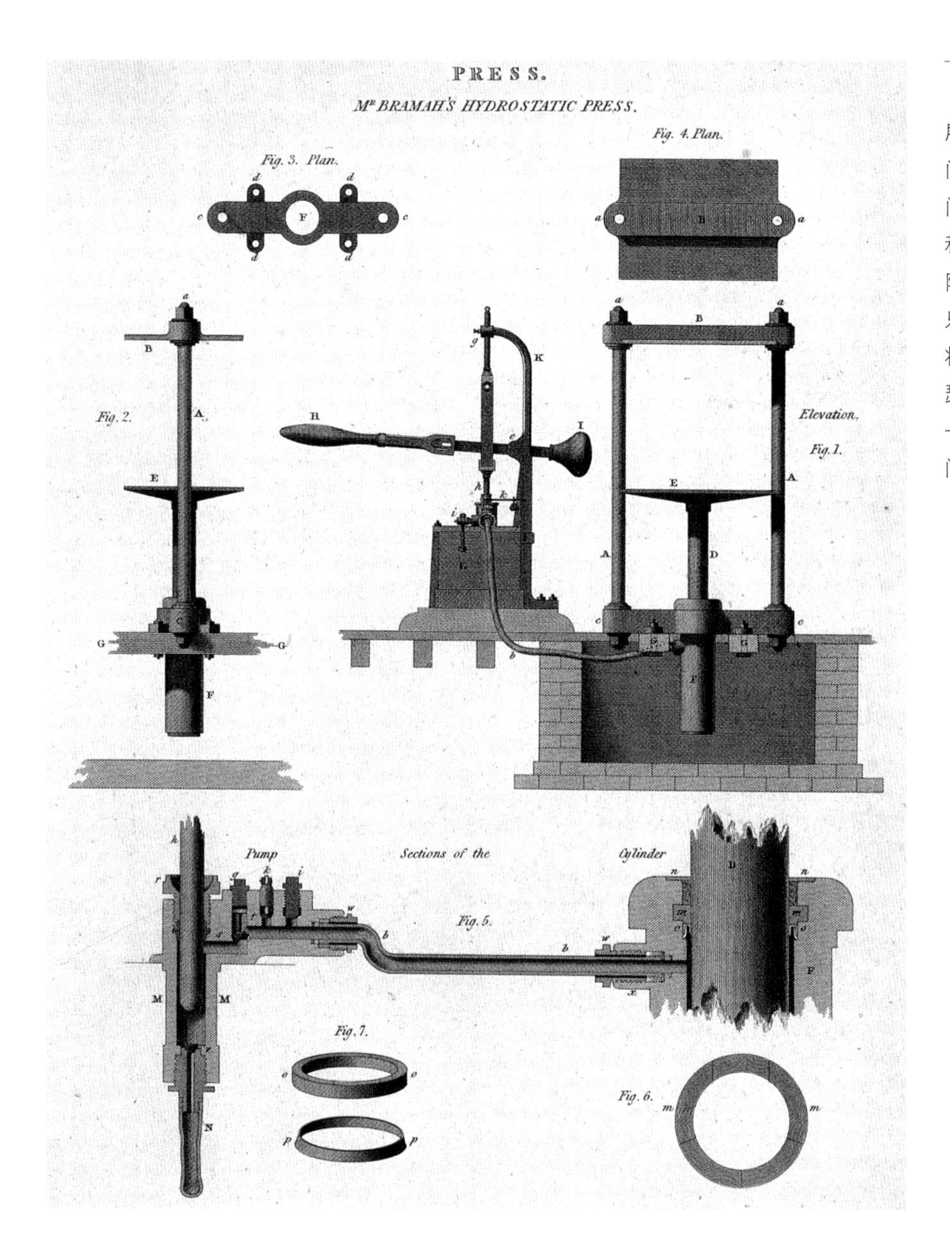

工业革命早期的发展受到很多基础的机械问题的阻碍。其中一个问题是机械设计的尺度和复杂程度经常受到限制，这是因为制造商只能使用很原始的压力将部件挤压在一起。约瑟夫·布拉默的液压机一夜之间就解决了这个问题。

韦尔科姆收藏馆

巨大的压力。

布拉默在 1795 年申请了专利。这个设计如此成功以至于现在我们仍叫它布拉默压力机。目前，各种版本的布拉默压力机几乎遍布世界的每一个车间。

35. 铸铁渡槽

托马斯 · 特尔福德　——什罗普郡，英格兰　——1796 年

为了替代被洪水冲走的渡槽，托马斯 · 特尔福德建造了世界上第一座重要的铸铁渡槽。

尽管被公认为世界第一座铸铁渡槽，但是位于什罗普郡燕鸥河上的朗顿的施鲁斯伯里运河上的 57 米长渡槽实际上比本杰明 · 奥特兰在霍姆斯德比运河上建造的跨度仅有 13 米的渡槽晚了大约一个月竣工。

1793 年议会的一项法案授权开建从施鲁斯伯里向东通向凯特利、

由托马斯 · 特尔福德设计，燕鸥河上的朗顿渡槽是第一个用铸铁建造的此类结构。虽然运河早已停运，但是渡槽却保存了下来，并且被列为一类历史建筑。

阿拉米

特雷奇和纽波特的运河。全程 27 千米的施鲁斯伯里 - 纽波特运河（或直接称为施鲁斯伯里运河）拥有 11 个船闸和位于特雷奇的倾坡，用于为通向乌姆布里奇运河提供实体连接。1797 年运河开通时并没有同全国的水路网连通。直到 1835 年，伯明翰和利物浦枢纽运河完成了从诺伯里枢纽到瓦彭德的连接，施鲁斯伯里运河才成为全国水路网的一部分。

施鲁斯伯里运河最初的总工程师是约西亚·克洛维斯（1735—1795），但是他在修建期间去世了，接替他的托马斯·特尔福德（1757—1834）是什罗普郡的一名测量员，他还参与了附近的埃尔斯米尔运河的设计。

刚接管施鲁斯伯里运河后，特尔福德立刻遇到了问题。克洛维斯在燕鸥河上的朗顿建造的用于横跨燕鸥河的石头渡槽在 1795 年 2 月被洪水冲走了。最初特尔福德打算重建石头渡槽。当地的许多铁匠，比如威廉·雷诺兹（1758—1803），都投资于运河公司。在他们的影响下，特尔福德决定改用铸铁。整个渡槽由两个 57 米长的铸铁槽组成。由雷诺兹在凯特利的铁厂分段浇铸完成。其中大一些的铁槽宽 2.3 米，深 1.4 米，用于运河主河道，较窄的铁槽则作为纤道。这个新渡槽在 1796 年完工。

1846 年施鲁斯伯里运河成为了什罗普郡联合铁路和运河公司的一部分，但是铁路的兴起导致了施鲁斯伯里运河（和很多其他运河）的逐渐衰落，其第一次水路关闭发生在 1922 年。到 1939 年朗顿西部的运河被关闭了。1944 年运河的最后一段也关闭了。虽然运河的一些部分已经消失不见了，但是燕鸥河上的朗顿渡槽现已被列为一类历史建筑被保存下来了。此外，为了保护和恢复这条线路，成立了施鲁斯伯里和纽波特运河信托基金会。

36. 螺旋切削车床

亨利·莫兹利 ——伦敦，英格兰 ——1797 年

尽管在 16 世纪就已经有螺旋切削机的存在，但是没有一台的精度满足商业生产的要求。莫兹利的设计第一次使得大规模生产螺栓成为可能，而且他的车床性能稳定，可以生产可更换零部件。

工程师、工具制造商和发明家亨利·莫兹利的肖像。1827 年，比埃尔·路易斯·格雷维顿创作。莫兹利生于伦敦伍利奇，最初他是个铁匠学徒，打算同他父亲一样去皇家兵工厂工作。
科学图片库

车床的基本原理自古就为人所知，它由一个在轴上旋转的物体和一个固定的可以切割物体的刀具组成。随着时间的推移，工具制造者不断对车床进行改进。最早的螺旋切削机出现在 15 世纪左右，它的原理是单点刀具沿着被切割件以可控的方式切割出螺旋。这些方式都相对粗糙，无法满足工业使用所需要达到的精度。由于需要多次切割螺旋才能达到可用的深度，因此最大的技术问题就是找到一种可以确保每次切割的路径都和之前的完全吻合的方法。如果位置稍有偏差，就会切到错误的地方，整个螺纹就被毁了。

解决这个问题的答案是一个精确的导螺杆，一个和车床床身平行的螺纹杆。刀具将通过一个特征定位器与导螺杆相连，只要一直连接在正确的位置上，刀具就会重复先前的切割路径。列奥纳多·达·芬奇沿着这个思路绘制了一些设计图——有些甚至还有更换轮来改变传动装置，进而切割出不同宽度的螺纹。但是，那个时代并没有制造出真正实用的车床。

18 世纪，多位工程师提出了新的设计方案，但是没有一个符合工业应用的要求。亨利·莫兹利（1771—1831）在 1797 年发明了一个车床，它不但包含所有必需的功能，而且足够结实可以每日使用。虽然

车床是木架，但是它的生产精确却为生产可互换部件打开了大门。正因为如此，不久之后就引入了公认的标准，列出了所有重要的参数，比如螺距、角度、最大和最小口径等。这样每个人都可以在零部件上采用相同标准的螺纹。

从那时起，车床在生产车间流行开来，日复一日承受着巨大的压力。莫兹利意识到要保持精度和正常工作，车床必须更结实。1810 年，在完成螺纹切削设计后，他制造出了第一台全金属的车床。

莫兹利的车床是第一个足够坚固耐用而又性能稳定并可以生产可换零件的车床。图中的模型是之后理查德·罗伯茨的版本。

华盖创意

37. 迪瑟林顿亚麻厂

什罗普郡，英格兰　——1797 年

为了解决工厂的防火问题，修建在施鲁斯伯里迪瑟林顿的亚麻厂成为世界第一个使用铁框架的建筑，成为今日摩天大楼的前身。

建在施鲁斯伯里市中心附近迪瑟林顿的亚麻厂被誉为摩天大楼的鼻祖，它理所应当地享有不列颠群岛上最重要的工业建筑之一的称号。历史上，早期工厂存在的一个最重要问题就是很容易由于火灾而被烧毁。棉花贸易这类行业会产生大量的粉尘，结合照明蜡烛和其他明火的存在，爆炸性混合物和火是永远存在的危险。

18 世纪末，一批建筑师和土木工程师试图解决这个问题。威廉·斯特拉特（1756—1830）曾经将铸铁用于桥梁结构，而且还将铸铁做的柱子用于 1795 年在德比郡的贝尔帕建造的新西部工厂。在这里铸铁的柱子支撑着木头的房梁，铁皮包裹用来防火，砖砌的拱形结构用于支撑地面。

迪瑟林顿的亚麻厂建筑群内部有一套铸铁的框架与砖相连接。使用砖的最主要目的是减少火灾风险：很多早期的工厂被火灾摧毁就是因为生产过程中的粉尘起燃造成的。

彼得·沃勒

斯特拉特在迪瑟林顿亚麻厂的建设中更进了一步。他保留了铸铁的柱子和砖拱结构，但是把木制梁换成了铁梁，建成了世界上第一个铁架建筑。建筑的设计师查尔斯·伍利·贝格（1751—1822）来自德比郡，后来搬到了施鲁斯伯里生活工作。他是来自利兹的工厂主约翰·马歇尔（1765—1845）和他的合伙人，施鲁斯伯里的羊毛商人托马斯和本杰明·贝尼恩兄弟的代理人。1795 年这三个人合伙在利兹建造了一个亚麻厂，不过工厂在第二年的火灾中被摧毁，正

施鲁斯伯里附近迪瑟林顿亚麻厂建筑群的外观。这座建筑由于在建造结构中率先使用了铸铁，而被认为是现代摩天大楼的前身。

因如此，他们萌生了建造防火工厂的想法。

工厂建于1796年至1797年，总造价17000英镑。1804年，马歇尔、贝尼恩兄弟和贝格的合作关系终止，约翰·马歇尔成为了工厂的独立所有者。之后工厂继续加工亚麻，直到1886年被收购。而后的一百多年间，工厂大部分时间用来制作酿酒所需的麦芽，直到1987年最终停止生产。经过多年的荒废，亚麻厂已由英国文化遗产收购并列为“危险建筑”和二类历史建筑，现在被纳入长期修复计划。

38. 喷气的魔鬼

理查德·特里维西克　——康沃尔，英格兰　——1801 年

理查德·特里维西克是一位康沃尔矿山经理的儿子，后来成为了工业革命时期最伟大的工程师和发明家之一，也是第一个制造出蒸汽机车的人。

理查德·特里维西克被称为“康沃尔巨人”，是早期工业革命的重要代表人物之一。他在发明和想象力上表现出的跳跃式思维使得他设计并制造出了第一辆由高压蒸汽机提供动力的蒸汽机车。虽然是位多产的发明家，但是这位身材魁梧（1.9 米高）的著名摔跤手却死于贫困。

华盖创意

子承父业，理查德·特里维西克（1771—1833）注定要在矿上工作。不过他在工程技术和创新方面的兴趣和天赋引导他将精力集中在如何在康沃尔锡矿使用蒸汽机这个问题上。他总是在不断地改进新技术，特别是在锅炉的设计和建造方面，他希望锅炉能够更安全和承受更高的气压。经过实验他设计出了不需要冷凝器的高压蒸汽发动机，这种发动机更小、更轻也更紧凑。此外，没有冷凝器，发动机需要的水就会减少，这在水源不充足的情况下至关重要。

在坎伯恩的家中，特里维西克制作了高压蒸汽机的模型，最初是静态的发动机，后来连接到一辆公路车车厢上。这个高压蒸汽机模型包括一个垂直的管道（烟囱）用来排出废气（不需要冷凝器）和一个曲柄将线性运动转化为环形运动。那时相互竞争的工程师们都提防对手侵犯自己的专利，因此特里维西克必须对自己的设计非常小心，以免对博尔顿 – 瓦特蒸汽机的专利（见第 60 页，27. 惠特布雷德发动机）构成侵权（一项新技术可以带来巨大的财富，因此竞争非常残酷）。

1801 年的圣诞前夜，特里维西克为公众展示了“喷气的魔鬼”，一辆可以在当地坎伯恩山行驶的全尺寸蒸汽公路车。三天后的又一次测试中，由于无法维持足够的蒸汽压力，发动机坏掉了。蒸汽车就留在了一家酒馆附近，不时有购买酒或烤鹅的人经过。当时由于锅炉的水都已经烧开，蒸汽车里的所有部件都过热，整个车厢已经烧毁了。特里维西克显然对此并不过分担心，而是一生致力于实验和改进蒸汽机车。在坎伯恩公共图书馆外，一尊特里维西克手拿小型蒸汽机模型的

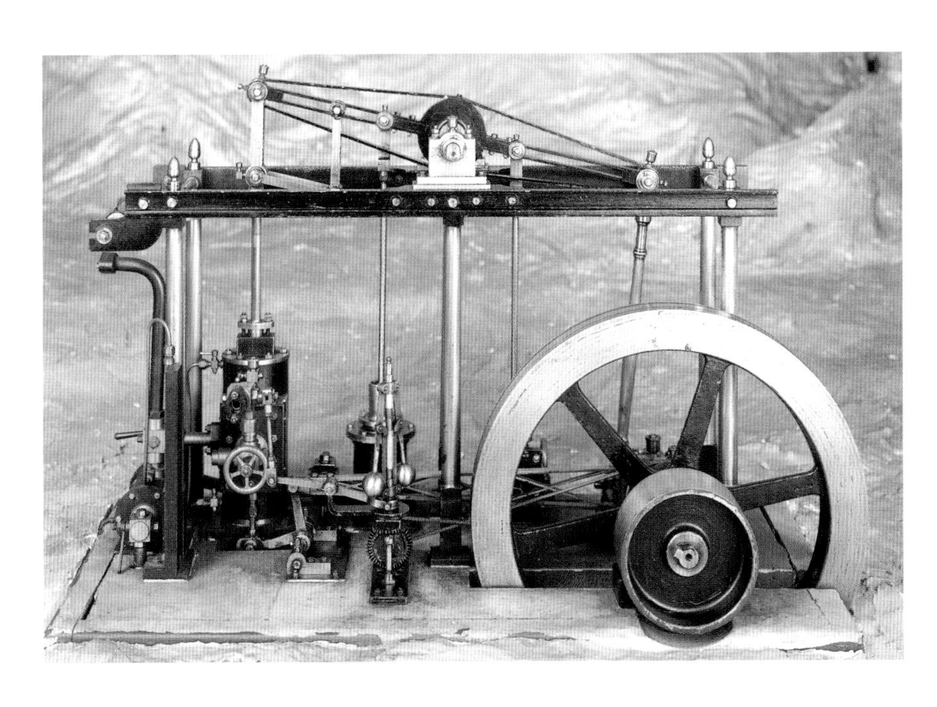

特里维西克高压蒸汽机模型。高压蒸汽机可输出大约 345 千帕斯卡的压强。这种发动机比以前的发动机更紧凑也更强大，使蒸汽机作为引擎成为现实。

华盖创意

塑像骄傲地矗立在基座上，这里正好位于当年他驾驶“喷气的魔鬼”的线路上。在坎伯恩，每年四月的最后一个星期六被命名为“特里维西克日”，庆祝他发明了高压蒸汽动力机，同时也用来纪念康沃尔的矿业和其他工业化遗产。

坎伯恩特里维西克纪念雕塑基座上的细节。

来自布拉德福德的蒂姆·格林 / 维基共享（CC BY 2.0）

39. 哈特勒斯角灯塔

北卡罗来纳州，美国　——1802 年

这里曾经是东海岸最危险的一段，由于哈特勒斯角灯塔的建成而变得相对安全了一些。

哈特勒斯岛位于大西洋最西边的北卡罗来纳州外滩屏蔽岛群，它的上面矗立着哈特拉斯角灯塔。温暖的向北流动的湾流与寒冷的向南流动的弗吉尼亚气流在这里交汇。这里也是拉布拉多洋流的一个分支，向南航行的船只会在它的作用下被迫驶向钻石浅滩，这是一个长19 千米非常危险变化多端的沙洲区域。在这里“大西洋的坟墓”的称号可不是空穴来风，几个世纪以来强烈的暴风雨和巨浪使得成千上万艘船只在这里遇难。这个地区是如此的臭名昭著，为此美国国会在 1794 年专门拨款 4.4 万美元用于在这里修建灯塔。据说开国元勋和第一任财政部长亚历山大 · 汉密尔顿在幼年就知道这个地区，有一次他在漆黑的暴风雨之夜行驶过这个岬角，因为经历太恐怖了，他发誓一旦有机会就要在这里建造一座灯塔以拯救海上的船只和生命。

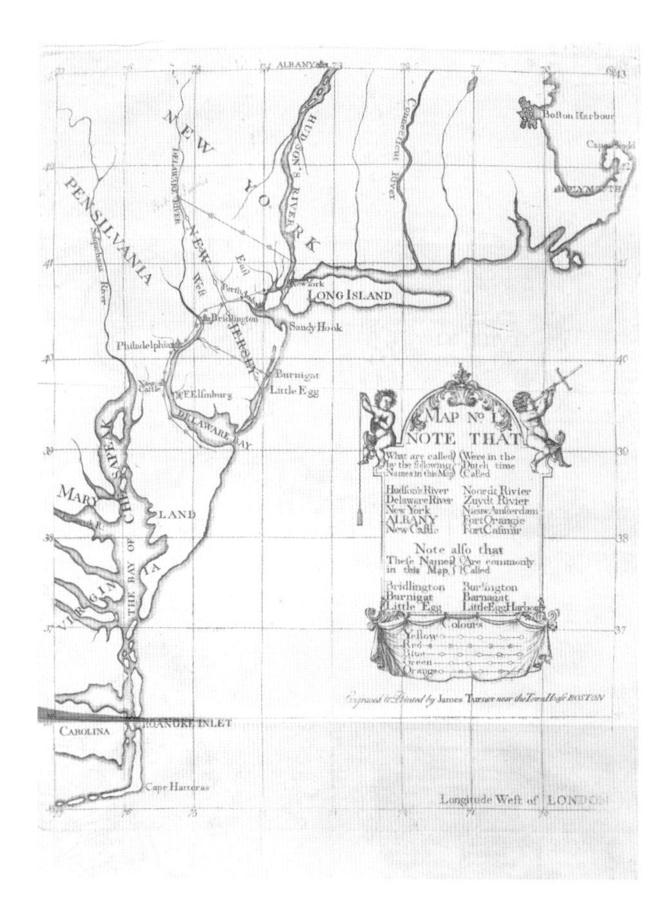

哈特勒斯角在北卡罗来纳州东海岸的位置显示在地图的左下角。

纽约公共图书馆数字馆藏

施工从1799年开始到1802年结束。灯塔最初由黑色砂岩建成，海拔 34 米，本身高 27.5 米，但是实践证明灯塔太矮也太暗，只有在晴天才清晰可见。灯塔有 18 个鲸鱼油灯和口径 36 厘米的反

1999 年提出了一项颇具争议的决议：将哈特勒斯角灯塔搬走，使其远离 15~20 米外不断侵蚀岬角的大西洋。尽管当地有一些抗议活动，灯塔还是被抬起放在铁轨上推到离海水 450 米远的地方。从那时起，灯塔原有的地基不时被海水覆盖。

议会图书馆

射镜。在晴天灯塔的光线可以照射到 29 千米。第一位灯塔管理人是亚当・加斯金斯，由杰斐逊总统在竣工前一年亲自任命。

到了 19 世纪 50 年代，船长们经常抱怨哈特勒斯角灯塔是大西洋沿岸最差的灯塔之一。他们说灯塔太矮，光线太昏暗，对于船只来说，它的危害和帮助不相上下，因为人们很容易会将它的灯光误认为是来自另一艘船。所以，在 1853 年，塔身增高了 18.5 米达到了 46 米，而且为了醒目增加的部分被涂成了红色。最后灯塔还安装了菲涅尔透镜（见第 62 页，28. 灯塔灯）将光线进一步投射到海上更远的地方。

1861 年夏，北方的联邦军占领了哈特勒斯岛，一群士兵驻扎在灯塔周围以防止南方盟军要将其炸毁的企图。炮击毁坏了灯塔，使得已经开始损毁的结构变得更加恶化。1867 年国会决定重建哈特勒斯角灯塔。

40. 造纸机

弗拉格摩尔工厂，赫特福德郡，英格兰 ——1803 年

大规模制造纸张的能力使得曾经是富人才可以拥有的书籍突然变成了一般人也可以的消费。这导致了识字率的大幅提高，也使得教育可以得到更广泛的普及。

如今，纸是如此的普通，以至于很少有人会对它多想些什么。但是，在现代生产方式出现以前，纸的制作是一个缓慢而昂贵的工程。虽然也有一些纸的替代品，比如莎草纸和羊皮纸就是纸的主要替代品，但是它们同样造价昂贵而且供不应求。因此只有宗教机构和非常富有的个人才能买得起书。当位于赫特福德郡阿普斯利村的弗拉格摩尔工厂（原是一家玉米磨坊）发明了第一台造纸机后，一切都改变了。

机器安装背后的故事颇为复杂。造纸机的最初发明者是一位法国会计尼古拉斯·路易斯·罗伯特（1761—1828）。但是他把设计卖给了他的雇主，而他的雇主又把设计转给了英国人约翰·甘布尔。甘布尔在英国申请了专利并且与拥有足够财力支持造纸机研制的亨利（1766—1854）和西利·福德里纳（1773—1847）建立了合作关系。他们委托工程师约翰·霍尔建造实际的机器，而后者又找来了他的姐夫布莱恩·唐金（1768—1855），造纸机终于在 1803 年完成。

造纸机的工作过程从一个纸浆悬挂器开始，里面装有切碎的亚麻和水混合稀释的纸浆。将纸浆倒在一个不停旋转的金属丝网桶上，当纸浆经过一个压榨机时，一部分水会排出。纸浆先被转移到一块毡子上，然后输送到两个滚筒之间，两个滚筒会将剩余的水全部挤出。这时挤压后的纸浆已经足够干，可以卷成卷后切成薄片晾干。这是革命性的造纸技术，它对劳动力成本的降低使得纸价降低了 75%。

两张造纸过程的插图。老式的造纸技术（上图）是手工造纸，过程缓慢造价昂贵。使用大规模生产（下图）降低了劳动力成本。

科学图片库

后来造纸机又经过了不断的改进，比如增加了蒸汽干燥器等，使得造纸过程缩短。到19世纪末，英国每年产纸65万吨，识字率也大幅提升。

41. 两栖挖掘机

奥利弗·伊文思 ——费城，美国 ——1804 年

尽管两栖挖掘机在商业上没有取得成功，但是在观念上却是一次巨大的进步，它预示着机车和蒸汽船都将可能成为现实，从而激励了新一代发明家。

“两栖挖掘机”由发明者奥利弗·伊文思（1755—1819）命名，是美国最早的蒸汽动力车和两栖车。虽然蒸汽发动机已经在美国使用一段时间了，但是大部分都是低压下工作，功率低效率差。伊文思坚信高压蒸汽机是发展的方向，并且一直梦想能够生产出蒸汽动力车。问题是要使用高压需要生产工艺和材料方面的重要飞跃。但从积极的一面考虑，高压蒸汽机不但功率更大，而且也比传统的低压蒸汽机体积更小。

伊文思并没有被使用高压所面临的看似无法克服的技术难题吓倒，特别是有关锅炉不能承受高压的观点，而是决定开始新的尝试。他很快意识到使用冷凝器的传统方法不能有效控制蒸汽，于是采用了一些改进的新机制，其中包括双作用气缸和新设计布置的阀门。这些颠覆性的改变使得发动机的制造更简单廉价，而且更容易操作。另一个优点则是发动机运行时需要的水要少得多，也就是说，这种发动机更适合安装在汽车和机车上，而且适用于更广泛的工业需求。

由 W.G. 杰克曼雕刻的奥利弗·伊文思肖像。被称为“美国瓦特”的伊文思在 1819 年去世，而那时杰克曼的铁厂由于为全美生产蒸汽发电机已经成为了从匹兹堡延伸到了费城的商业帝国。

科学图片库

伊文思蒸汽机的第一次商业性尝试是为费城卫生局设计一艘用于清理船坞和沙洲的疏浚船。伊文思设计了两栖挖

掘机，一个利用吊桶链来完成疏浚工作的平底船。这艘船由伊文思的高压蒸汽发动机驱动，长约 9 米，宽 3.7 米，重 17 吨。为了把船从费城的工作间运到舒基尔河，他为船增加了四个轮子，同样由发动机驱动。1805 年 7 月 13 日，两栖挖掘机踏上了旅程，并被载入了史册。不幸的是，两栖挖掘机不能胜任此工作，并且在三年后被拆除了。

伊文思发明的两栖挖掘机：船 / 车。这幅插图刊登在 1834 年 7 月出版的《波士顿机械与实用艺术和科学杂志》（*The Boston Mechanic and Journal of the Useful Arts and Science*）。尽管在商业上没有成功，但是对高压蒸汽机的使用却预示着机车和蒸汽船都是可实现的。

华盖创意

42. 米尔·阿勒姆多拱大坝

亨利·罗素 ——海得拉巴，印度 ——1804 年

世界第一座多拱坝，海得拉巴的米尔·阿勒姆大坝，可能是第一座依靠拱形原理稳定的大坝。

虽然这个人工湖筹划了很多年，但是建成仅用了两年时间。它的建筑非常牢固，于 1806 年 6 月投入使用，直到 1980 年才需要整体的维修。在 125 年间它为海得拉巴提供了大部分的饮用水，直到被更大的希马亚特·萨加尔和奥斯曼·萨加尔水库取代。

Dome.mit.edu

海得拉巴位于印度中南部，它的季风季节于 6 月中旬从西南而来，持续到大约 10 月 1 日。在这几个月内降水量可以达到 81 厘米，但是一年的其他时间都非常干旱。宝贵的降水被收集在“水箱”（蓄水池）中供一年中居民和农作物生产的需要。米尔·阿勒姆（也被称为米尔·阿拉姆）大坝用于供应和调节城市用水。

修建大坝具体的筹备过程非常模糊。18 世纪末英国和法国正在争夺对印度的控制权。好像是法国开始建造大坝，而后又由英国接手完工的。这座大坝在海得拉巴附近的穆西河上修建。由海得拉巴的尼扎姆出资，捐献给了总理米尔·阿勒姆，作为赢得了第四次反对蒂普（支持法国的迈索尔苏丹）的迈索尔战役的奖励。

最初的计划（根据海得拉巴的水利工程记载）是法国工程师米歇尔·约阿希姆·玛丽·雷蒙德（1755—1798）设计的，但是他在开工前很多年就去世了。后来英国人接管了，海德拉姆的居民助理亨利·罗素（1783—1852）接手了这个项目，他留给人们的普遍印象是很有创新性。1804 年 7 月 20 日，米尔·阿勒姆·巴哈杜尔为工程奠基，1808 年完工。依据那时的估算

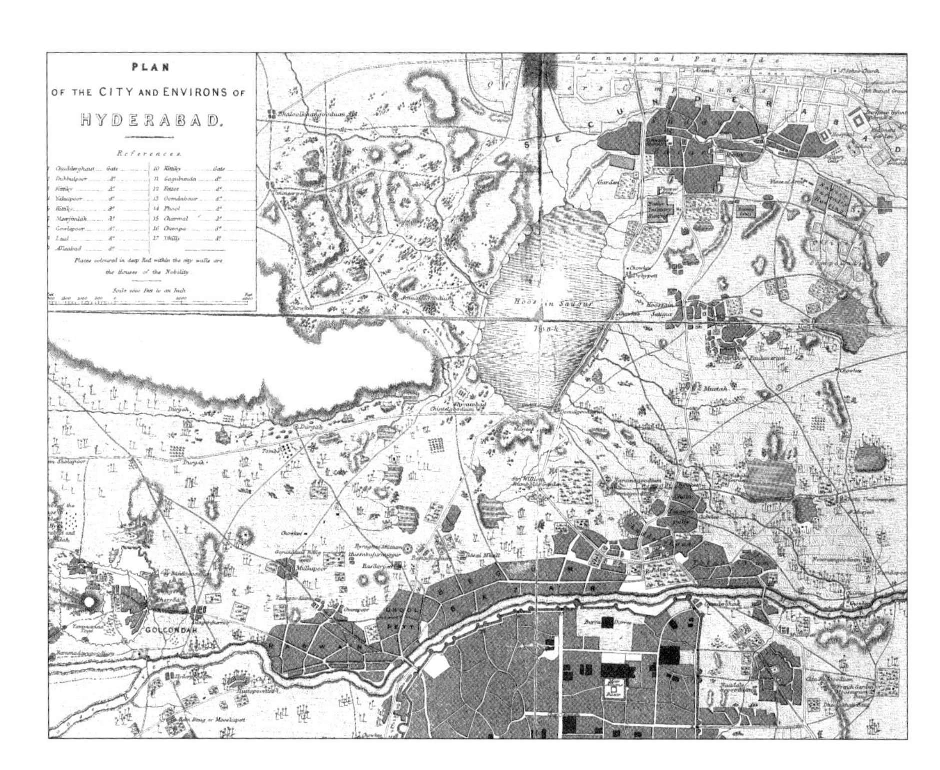

据说米尔·阿勒姆贮水池的水非常甜，当地人每当离开海得拉巴时都会带一些这里的水走。建成后的贮水池成为了一个著名的旅游景点（现在仍旧是），游客们更是接到建议在旅途中收集和携带一些这里的水。

Dome.mit.edu

这里可以为海德拉姆储蓄1000万立方米的饮用水。

大坝由马德拉斯工程兵团建造，它的设计独特，采用消减反作用力的方式保持建筑不形变，而拱形结构保证了强度和稳定性。建成的大坝呈弧形，长915米，包含21个半圆形的独立垂直坝拱，每个坝拱的上游面都是垂直的，坝拱的厚度相同，跨度从42米到24米不等。作用到大坝上的冲击力大部分会被分散到各个坝拱。当水位溢出时，一部分会通过一端的溢洪通道溜走，剩余的则从大坝的顶部泄出。令人称道的是，直到今天不管是砂浆还是砖石结构都保存完好，大坝的地基也十分牢固。

之后都没有人复制米尔·阿勒姆大坝的设计，直到120年后建造亚利桑那州的柯立芝大坝时，才采用了相同的建造原理。

43. 欧伊斯特茅斯铁路

马伯斯，威尔士 ——1804 年

当欧伊斯特茅斯铁路完成世界上的首次客运服务时，货运铁路已经存在一段时间了。

尽管到 19 世纪初铁路已经存在了 100 多年了，但是这些铁路线路都是专门为运输货物设计的。1807 年欧伊斯特茅斯铁路推出了世界上首个面向付费乘客的服务，改变了这一切。这条线路的铺设在 1804 年 6 月由英国议会授权给欧伊斯特茅斯铁路有限公司。最初的法案规定，这条线路可以由“人、马或其他”来操作。这条 4 英尺（1 英尺 =0.3048 米，下同）轨距的线路开通于 1806 年，主要用于将克莱恩谷煤矿的煤和马伯斯的石灰石运输到斯旺西运河。

虽然欧伊斯特茅斯铁路在 1807 年就引入了客运服务，但是却在同一条新开通的收费公路的竞争中被迫暂停。照片中是 1877 年改造成标准轨距后重新恢复马拉客运的情景。随后蒸汽机牵引和有轨电车相继投入运营。

巴里 · 克罗斯 收藏 / 在线交通档案

这条铁路的股东之一本杰明·弗伦奇提议增加客运服务，首次运营选在了1807年3月25日，使用一辆改造后的货车。马伯斯地处斯旺西湾，在斯旺西市的西部，对来自斯旺西的人是一日游的潜在热门地，弗伦奇打算支付每年20英镑获得马拉客运服务的经营权。但是，一条与其相互竞争的收费公路的建成迫使客运服务暂停。尽管如此，故事并没有在这里结束。

1954年，为了庆祝欧伊斯特茅斯铁路获得授权150周年和首次客运服务147周年，建造了一个早期马拉有轨车的复制品。它一直和一辆大型有轨电车一起运行，直到整个线路在1960年关闭。这辆复制的有轨车现在被保存了下来，并在斯旺西展出。

巴里·克罗斯收藏/在线交通档案

1840年，公司第一位董事长约翰·莫里斯爵士（1775—1855）的儿子约翰·阿米恩·莫里斯（1812—1893）将这条濒临死亡的铁路线卖给了自己的兄弟乔治·比恩·莫里斯（1816—1899）。15年后，这条线路被改造成了标准轨距。又过了5年，马拉客运服务恢复了。1877年，面对竞争对手斯旺西改良轨道有限公司在1874年引入的马拉有轨车，欧伊斯特茅斯开始使用蒸汽机牵引。1879年，这条线路重新归为斯旺西-马伯斯铁路有限公司。1929年3月，有轨电车取代了蒸汽机牵引车。1954年经营英伦诸岛上最大的第一代有轨电车的斯旺西-马伯斯铁路有限公司举行了150周年庆典。不过6年后，这条线路还是被关闭了，取而代之的是南威尔士运输公司的柴油巴士。

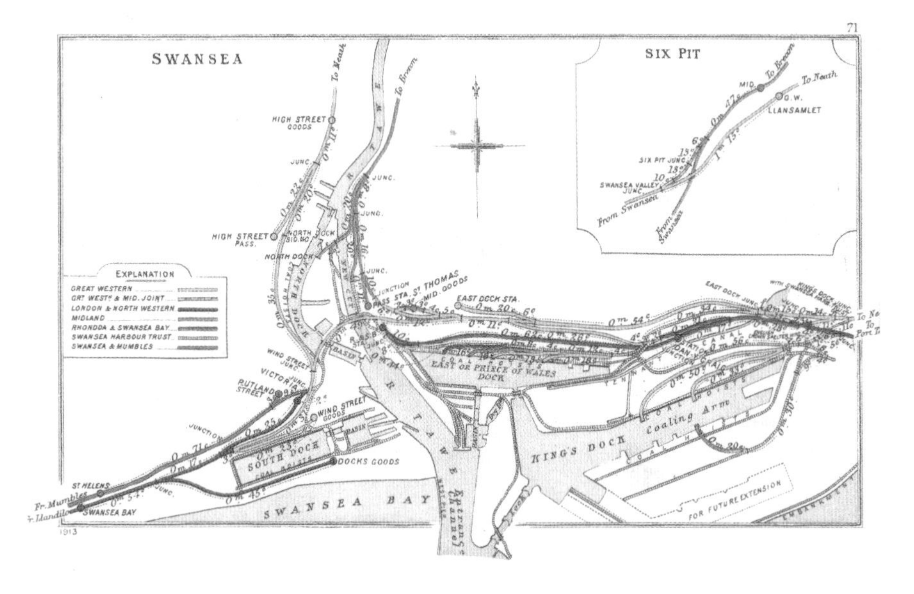

铁路结算所的地图充分说明了20世纪初斯旺西铁路的复杂性。很多线路——包括欧伊斯特茅斯（当时已经成为斯旺西和马伯斯）——的建设是为了开发当地的矿产资源，将煤和其他原材料运送到蓬勃发展的斯旺西码头。

经由彼得·沃勒

44. 邓达斯渡槽

约翰·伦尼 ——萨默塞特，英格兰 ——1805年

邓达斯渡槽也许不是英国的第一座渡槽，但它一定是最漂亮的一个。它是工业革命将现代思想和艺术家对细节的追求完美结合的典范。

这座漂亮的乔治王朝风格渡槽使得肯尼特－埃文运河穿越埃文山谷，跨过流经萨默塞特的芒克顿科姆附近的埃文河，并在那里与萨默塞特煤炭运河交汇。当时波克夏的国会议员查尔斯·邓达斯（1751—1832）不遗余力地宣传连接肯尼特河和埃文河所具有重要的经济意义，还在筹集建设经费上发挥了重要作用。为了纪念他的贡献，这座渡槽以他的名字邓达斯命名，他还成为了肯尼特－埃文运河公司的第一位主席。

1788年制订了肯尼特运河西延的计划，曾经勘测过运河的主干道和萨默塞特煤矿运河的工程师约翰·伦尼（1761—1821）被任命为邓

由于持续的泄漏问题，运河在1954年被关闭和遗弃，到了20世纪60—70年代，渡槽完全干涸了。但是在宣传和筹集资金后，运河在1984年被修复而重新投入使用。今天，这里已成为一条横穿英格兰心脏的美丽的乡村步道和桥道。这幅蚀刻版画由约翰·舒里依照威廉·威廉斯的画作制作。

韦尔科姆收藏馆

肯特尼－埃文运河通过邓达斯渡槽横跨埃文河，1951 年它成为第一个被列为古代遗址的运河建筑。

罗伯特·鲍威尔 / 维基共享

达斯工程的监管。在他的监管和总工程师约翰·托马斯（1752—1827）的指挥下，施工从 1797 年开始在 1805 年完成。这座渡槽的特殊作为在于，萨默赛特北部波尔顿矿区的运煤船可以由西驶来经由遍布全国的运河网络直达英国的工业中心。

渡槽由当地的巴斯的琢石建成，长 137 米，建有三个粗石面的拱形结构。在它的两端两侧点缀着多利安式的立柱和栏杆。侧翼椭圆形的侧拱跨度都为 6 米，中心更大的半圆形拱跨度 20 米。顶部的护墙与护岸墙通过护栏相连。在立柱上装饰着向前折的三字形短檐。

渡槽的水来自卡拉夫顿水泵厂和林普尼斯托克附近的水磨厂。后者有一个 7 米宽、直径 5 米的水轮，来自埃文河的水以每秒钟 2 吨水的速度流动，从而驱动梁式发动机水泵（同样由约翰·伦尼设计）。这个水泵以每小时 45 万升的速度将水提升到 15 米高的运河内。

经过多年的服务，由于大量的泄漏和毁坏，渡槽在 1954 年停止使用。它被遗弃了，只作为步行通道使用。然而 20 世纪 80 年代，由于对恢复运河充满了兴趣，在重新规划后，渡槽被修复，并在 1984 年重新开放使用。如今渡槽内的水由电泵来供应。

渡槽横跨铁路，供步行者、骑自行车者和运河船使用。

阿平斯通 / 维基共享

45. 冲击点火

亚历山大·约翰·福赛思 ——苏格兰 ——1807 年

直到 1807 年，所有的枪支都饱受一个问题的困扰，那就是扣动扳机和枪膛开火之间的延时导致射击不准确。福赛思引进了冲击点火，把这个问题解决了。

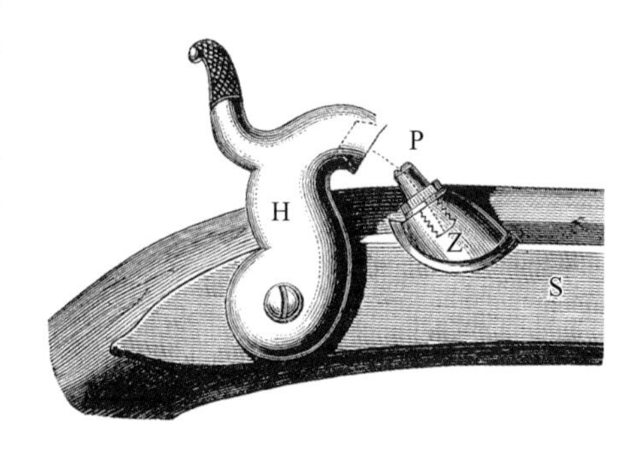

与冲击点火相关的枪械重要部件。击锤 H 向后拉动，直到被撞针阻铁固定到合适的位置（在这里看不到）。扣动扳机后，击锤向前猛击底火 P，产生火焰 Z，将位于膛室 S 内的主火药点燃，于是发射了一枪。在 1807 年这项改进出现前，从扣动扳机到枪弹发出之间的重大延迟，对所有的枪械来说都是困扰，因为这使得在战场和狩猎场上都不能精准射击。

华盖创意

亚历山大·约翰·福赛思（1769—1843）是苏格兰长老会牧师，也是一位很敏锐的猎人。由于对燧发枪的低效率非常不满，他决定寻找改进方法，特别是减少“锁定时间”。“锁定时间”是指拉动扳机与火器实际发射子弹之间的延时。他认为锁定时间越长，射击就越不准确，餐桌上的食物也就越少。经过大量实验，他的第一个成功设计使用了一个被称作“香瓶锁”的部件，它的核心部分是一个盛有雷酸汞的小瓶，里面是一种一撞击就会爆炸的化学物质。它替代了燧发枪上的火药仓和火镰，可以发射大概 20 枚子弹。

福赛思的设计非常成功，以至于伦敦塔的枪械主管莫伊拉勋爵说服他在那里待上一年，对枪的设计做进一步改进以用于军队。不幸的是，当莫伊拉勋爵被取代后，新的枪械主管非常不客气地叫福赛思离开了。据说拿破仑·波拿巴愿意出两万英镑邀请福赛思带着他的发明去法国，但是福赛思拒绝了一夜暴富的机会而是留在了英国。尽管福赛思在英国军队遭遇了挫折，但是他还是在 1807 年 4 月 11 日获得了专利权。专利书上的措辞非常巧妙，以防止了其他人使用他的冲击设计。

福赛思在伦敦的皮卡迪利大街创建了一家非常成功的公司——亚历山大·福赛思有限公司——生产火器和改装旧式燧发枪为冲击式点火。

在福赛思之前，所有的火器都是低效的，因为在扣动扳机和真正开火之间有延时。冲击帽的出现改变了这一点——“昙花一现（火药仓中的瞬间）”这个短语也失去了它与燧发枪直接的关联。

由于对自己现有的设计不满，1813年他又做了进一步的改进，用滑动管代替了香气瓶。滑动管会在触碰孔旁留下适量的雷酸汞（炸药），当开枪时被击锤冲击点火。

福赛思的设计是火器历史上的里程碑性事件，从那时起燧发枪就退出了历史舞台。今天所有枪械的冲击帽都源于他的设计。

46. 煤气街灯

弗雷德里克 · 温莎 ——伦敦，英格兰 ——1807 年

安装路灯之前，在伦敦这样的城市漫步是很危险的。路灯让人们觉得天黑之后出门安全有了更多保障，从而保证了剧院、餐馆和其他公共娱乐场所的繁荣。

弗雷德里克 · 阿尔伯特 · 温莎（1763—1830）是一位德国发明家，他对燃气照明很感兴趣，他的梦想是照亮伦敦的街道。1803 年，他在斯特兰德大街上的兰心剧院的一次演讲中示范了煤气照明，并在同一年他申请了专利。随后温莎搬到了伦敦中心时尚街区蓓尔美尔大街的两栋房子里，在那里继续进行了大量的气体实验。

1806 年，温莎向英国皇家学会提交了一篇论文解释他对燃气照明的想法。第二年，为了提高知名度以吸引国王乔治三世的注意力，他在蓓尔美尔大街和圣詹姆斯公园之间沿着卡尔顿宫花园的墙壁上放置了燃气灯以庆祝国王的生日。他首先用自己家里的炉子产生煤气，然后利用燃气照明将图案打在房屋的墙壁上。不久后，他在蓓尔美尔街的一侧从圣詹姆斯大街到科斯塔大街之间安装了 13 个灯柱，同样通过埋在人行道下的木制管道从他的家中供气。蓓尔美尔大街成为世界上第一条有燃气照明的大街，旁观者称为:“非常超乎寻常的光辉”。但是，燃气灯只能照亮灯柱周围几米的范围，灯之间仍旧有黑暗的区域。

但是议会一直拒绝批准温莎成立一家全国性的燃气公司。在随后的几年内，他多次重复演示燃气照明的功能，试图说服国会议员们燃气照明的有效性。温莎和他的支持者一直等到了 1812 年才得到议会许可证，允许他的燃气照明和焦炭公司（第一家公共燃气公司）使用马场路上的煤气厂为伦敦市、威斯敏斯特市和南华克区提供照明服务，为期 21 年。

《蓓尔美尔大街的煤气灯一览》，托马斯·罗兰德斯绘于 1809 年。画的背景是卡尔顿大厦，当时的摄政王住所。这幅漫画展示了煤气灯在伦敦人中引起的轰动。在画面最右端的女子（一位妓女）担心这样的光照会影响她的生意，画面左边的一个男子在向他的同伴解释煤气的工作原理。当时很多人对燃气照明技术持怀疑态度，其中就包括了汉弗莱·戴维爵士。他曾说："用燃气照亮伦敦就和摘下一部分月亮来照明一样简单。" 维基共享

1813 年 12 月 31 日威斯敏斯特大桥被煤气灯点亮。街灯取得了巨大的成功，导致很多公司竞争铺设煤气管道和安装街灯的许可。15 年的时间，几乎全国各大城市都被点亮了。1816 年，巴尔的摩市成为美国第一座使用煤气照明的城市，1820 年法国巴黎紧接着也安装了煤气灯。到 1823 年，40000 个煤气灯照亮了伦敦 346 千米的街道。

47. 波特兰瞭望塔

莱缪尔 · 穆迪 ——缅因州，美国 ——1807 年

波特兰观察塔是美国最早的观察塔之一，也是美国唯一一个历史留存的海上信号站。它的设计和结构都别具一格。

在19世纪纪初，美国缅因州的波特兰是一座繁忙的港口，它的价值就在于它是一个深港。但是，进入港口的船只只有在绕过春天岬暗礁之后才不会再被遮挡，而这时它们几乎已经到达码头了。前水手莱缪尔 · 穆迪（1768—1846）产生了一个在芒霍伊山上建一座高塔的灵感。这座高塔高出海平面 68 米，可以作为通信和观测站。他计划在上面架设一架高倍望远镜用来观测进港船只，船主每年花费 5 美元订制服务可以获得船只进港通知，这样就有足够的时间为货物到达做准备，必要时根据需求安排住宿。

波特兰观察塔，摄于 1936 年，它停止工作后的第 13 年。现如今，这里是缅因州最大的旅游景点之一，每年的五月到十月都会迎来数以百计的游客。它仍旧是美国现存的最后一座海上信号塔。

国会图书馆

穆迪提出建造观测塔的意向后有 8 人愿意订制这项服务。1807 年 3 月 20 日他们签署了一项协议，在蒙霍伊山颈的某个高处建造一个“海上瞭望站”，造价不超过 2000 美金。为了筹集资金，他们发行了 100 股，每股 20 美元的股票（每人最多持有 7 股），总共有 55 位业主认购。

1807 年开始施工，从细木工和结构就可以看出造船者对建造观察塔做出了重要贡献。看上去有点像灯塔，这座观察塔共 7 层高、26 米。为了减少强风的

从波特兰观察塔可以看到整个港口的全景。这里可以看到如果从地面上看，低洼的外岛和岬挡住了进港的船只。

布莱恩·费瑟斯 / 维基共享

影响设计成了顶端小的八边形建筑。基底的直径是 9.8 米，而后从下到上逐渐缩小，观察甲板的直径是 4.6 米。在每个八边形的角都有一根坚固的缅因州白松柱子，就像船的桅杆一样。底层是用大量木材搭建的网格，里面装满 122 吨从周围收集来的松散的岩石压载物。在暴风雨和强风时，这些石头可以稳定观察塔。塔的圆顶处安装着一架 P.&J. 多伦折射望远镜，可以辨别 50 千米以外的船只。

穆迪通过在旗杆上悬挂信号旗的方式通知订户他们的船到了。这些信号旗还用于同进港的船只沟通。从 1807 年到 1846 年，穆迪一直自己运行这个观察塔。

这座观察塔极大地提高了波特兰港的效率。它作为海上信号塔由穆迪的家族经营，直到 1923 年双向无线电的发明，它才被废弃。1812 年战争期间，这座观察塔曾作为岗楼使用，后来就失修了。

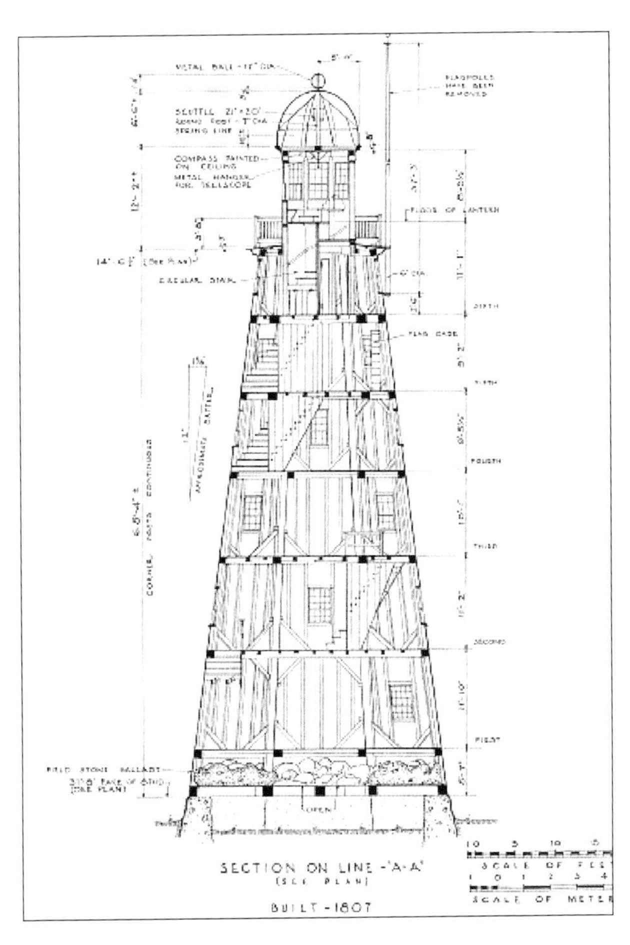

波特兰观察塔的立面图。这座精致的木制建筑主要由造船工利用本地木材建成。

议会图书馆

48. 贝尔礁灯塔

约翰·伦尼 ——福斯湾，苏格兰 ——1807—1811年

贝尔礁灯塔位于敦提以东18千米的北海上，福斯湾和泰湾之间。它向过往船只发出警告：这里有一段长而险恶的礁石群，已经夺去了很多船只和数以千计的生命。

红砂岩礁也被称为英奇凯普岩，大约长610米，沿着船运线路进入福斯湾而后通往敦提和泰河。在涨潮时它会被海水覆盖，平均水深可达3.7米，只有在水位低时才会暴露出来。在这里施工非常困难，很大程度要取决于天气和潮水状况。

起草了最初建设方案的是北极光委员会的测量员罗伯特·斯蒂文森（1772—1850）。约翰·伦尼被任命为总工程师并且协助斯蒂文森工作。至于他到底帮助了斯蒂文森多少一直是争论的话题，特别是双方儿

伟大的画家约瑟夫·马洛德·威廉·透纳将贝尔礁灯塔永远定格在了这幅不朽的作品中。这幅画向好奇的公众展示了灯塔所需要承受的极端风浪状况，还描绘了一艘正扯满帆航行的船被灯塔上忠实的灯光警告远离礁石。

议会图书馆

子对此意见相左。灯塔的建造开始于 1807 年，大约有 110 个人和一匹马（巴锡）参与。

灯塔的建造使用来自敦提和克雷格利斯附近的梅尔菲尔德砂岩，以及阿伯丁郡的鲁比斯瓦夫和彼得黑德附近的凯恩加尔的爱丁堡花岗岩。它的高度是 35.3 米，底部直径 12.8 米，顶部直径 4.6 米。总共使用了 2835 块石头。最下面的 10 米采用实心配合嵌体的方式，其中有一半在高水位以下。1~26 层的中间是砂岩，外面包裹花岗岩。27~90 层只使用砂岩，外面填塞罗马水泥。上面共有 6 个房间，从底层开始分别是：粮食库、照明室、3 位灯塔管理员的卧室、厨房和餐厅、陌生人的房间和图书馆。照明室的顶端由铸铁和铜与黄铜的配件制成。

第一个光学系统使用 24 组抛物线反射镜，内表面镀银，每个反射镜的直径是 63.5 厘米。它们被摆放成一个长方形，两个宽边各放 7 面镜子，摆放成 2∶3∶2 三排。剩下的 10 面按 2∶1∶2 安置在两个短边，并且在镜子的边缘装上红色玻璃圆盘。在每个反射镜的焦点处放置一盏装满鲸鱼油的阿尔冈灯（见第 62 页，28. 灯塔灯），其中圆形灯芯直径大约 2.5 厘米。整个反射镜阵按顺时针方向旋转，这种旋转由一个从塔顶坠落的重物自激活。它可以发射红白信号，使得贝尔礁灯塔在 56 千米远的地方就可以被识别。这是苏格兰的第一个旋转灯塔，红光和白光每四分钟交换一次，旋转一圈需要 8 分钟。在 19 世纪 20 年代，反射镜被换成了最新的菲涅尔一级透镜（见第 62 页，28. 灯塔灯）和石蜡蒸汽燃烧器。

最初灯塔建成花费了 61331 英镑 9 先令 20 便士。

平静的一天，落潮时，一部分礁石显露了出来，被称为英奇凯普之光的灯塔就矗立在上面。这是世界上现存的最老的经受海水冲刷的灯塔。

科诺思 / 维基共享

49. 卡恩山船闸

约翰·伦尼 ——威尔特郡，英格兰 ——1810 年

船闸是护送驳船运输上下陡坡的精巧方法。

在总长 140 千米的肯尼特－埃文运河上问题最大的一段是临近迪韦齐斯的卡恩山上的陡坡。因此这也是最后建造的一段。解决的办法是由运河的总工程师约翰·伦尼（1761—1821）想到的，他提议修建一个宏伟的 16 级的升降船闸。这是英国第二长的连续升降船闸，也是在最短距离升降最陡的船闸——梯度 30 : 1——一艘船通过需要 6 个小时。

要将驳船运送到雷丁和巴斯之间的山坡上，沿着 3 千米长的运河上建造了 29 个船闸，将运河水位抬高了 72 米。逻辑上讲，要把船抬到这段运河，每个船闸都要离得很近，但是这又带来了另外的问题，由于

在这段 3 千米长的运河上，船闸的间隔必须很近，特别是上升到中间的位置时。这就意味着旁边必须建造庞大的贮水池才能够储存足够的水供船闸使用。

巴扎维夫 / 维基共享

水量不足，船闸很快就会没水。而在清空船闸时又有可能导致下游洪水泛滥。为了解决这两个问题，伦尼在运河北边船闸之间挖了很长的长方形贮水池，每个面积 2833 平方米。这些贮水池在船闸需要用水时可以及时补充，而在船闸打开时又可以储水。这些贮水池旁排列着 1.2 米厚的胶泥。

船闸用的砖是从运河南面黏土的沉积物里挖出来的。在 1829 年到 1843 年，天黑后，每艘驳船加收一先令，每艘小船 6 便士，船闸还会将煤气灯点亮。

随着最后一段在 1810 年竣工，肯特尼 – 埃文运河终于将重要港口以及伦敦和布里斯托尔的商业中心连在了一起。然而，运河作为重要连接的时间只持续了 40 年，1851 年开通的大西部铁路取代了它的位置。

肯特尼 – 埃文运河的造价是每英里超过 16000 英镑（1 英里约等于 1.609 千米），但是它并没有取得投资者所希望的回报。在它鼎盛的 1815 年，每年运输大约 151980 吨货物，但是自从 1877 年第一次出现亏损后，就再也没有盈利过。1900 年最后一批经由运河运送的货物是从伦敦到布里斯托尔。而后，运河被放弃和关闭了。虽然这条运河被抛弃和忽略了几十年，但是对船闸进行大量修复工作后，它于 1990 年重新开放。

约翰·伦尼勘察了全长 140 千米的肯尼特 – 埃文运河，沿运河而下的最后一段经过纽伯里、特罗布里奇和迪威齐斯。在迪韦齐斯和劳德之间的陡峭山坡需要建造 16 个船闸，将水直接引到卡恩山上。

卢旺达 / 维基共享

50. 锡罐

布莱恩·唐金 ——伦敦，英格兰 ——1811年

对保存食物的锡罐的研制可为旅行者、水手、探险家和其他远离家园的人提供健康的食物。世界上第一家制罐厂1813年在伦敦的伯蒙齐开业。

布莱恩·唐金和他的姐夫于1813年开设了第一个罐头厂，为英国皇家海军和英国军队提供罐装食物。不过为北极探险供应罐装食品带来的宣传效应才真正引起了英国公众的注意。

华盖创意

在拿破仑战争期间，为远离家园的战士和水手提供合适的干粮成为越来越重要的问题。为了解决这个问题，法国政府设置了12000法郎的奖金。1810年，法国厨师尼古拉斯·阿佩特（1749—1841）赢得了这笔奖金。他在艺术收藏中心演示了如何用软木塞密封的玻璃瓶来保存肉和蔬菜，然后在沸腾的水中消毒。他投资兴建了一座装瓶厂，为法国士兵保存食物。但是，这个系统并不完美：玻璃瓶子很重又易碎。

另一个法国人菲利普·德·吉拉德（1775—1845）实验用铁罐来装食物，但是当时正在闹革命的法国没有人支持他，于是他联系了一位在伦敦的代理人，彼得·杜兰德，在英格兰申请了专利。杜兰德以此为基础，开始调研在铁罐表面覆盖一层锡以防止侵蚀，1810年他就此申请了自己的专利。但是整个食物处理过程非常漫长：首先食物要放在罐中密封，随后放进冷水中再一点点将水加热到沸腾，保持数小时。最后将盖子打开一个小口再重新密封。每个罐头在离开工厂前都保存在32~43℃。

英国机械工程师布莱恩·唐金的研究更进了一步，1811年他花费1000英镑购买了杜兰德的专利，并且自己开始实验各种装瓶技术。1813年他与合伙人约翰·霍尔

装罐厨房。唐金的工厂实现了装罐过程的工业化。早期的罐子比现在的要大，需要锤子和凿子来开启。威廉·帕里探险队在北极丢弃了一批罐头，八年后，也就是 1833 年，困境中约翰·罗斯探险队因此获救。

科学图片馆

（他的姐夫）以及约翰·甘步尔在伦敦南部的伯蒙齐合作成立了一家罐装食品公司（杜兰德 – 霍尔 – 甘步尔）。他们的第一批商业用罐的订单是在 1813 年夏天。罐子的重量从 2 千克到 10 千克不等，需要锤子和凿子配合打开。一个罐子的平均造价是 4 先令 90 便士每千克，对于普通人来讲是负担不起的。

他们的事业给肯特公爵（后来的乔治四世）留下深刻印象，在他的支持下，罐头的生产才正式开始。寻找西北航线的英国的探险家们带上了罐头保存的肉，威廉·帕里在 19 世纪 20 年代的四次前往北极的航程中都携带了罐头食品。1813 年海军军部起先只是购买了 70 千克的罐头食品用于为生病的水手补充营养。很快他们购买了更多的牛肉、羊肉、汤、防风草和胡萝卜。到 1821 年，他们一年内的采购量就达到了 4000 千克。

随后唐金离开了该公司从事其他创新，主要就是机械化造纸。霍尔和甘步尔则迅速扩大了罐装食品的销量。

51. 国道

美国　——1811 年至今

建于 1811 年到 1837 年的美国国道是第一条联邦资助的高速公路。它的建造使得美国地区间的遥远距离不再不可征服，帮助这个年轻的国家把偏远的地区都凝结在了一起。

一个自由石涵洞，位于弗吉尼亚琼斯维尔西 32 千米，由 J.K. 沃顿绘制。国道的建设不仅为体力劳动者和手工匠人提供了工作，而且提供了众多的商业机会，特别是旅馆、酒馆和沿着公路蓬勃发展起来的供应商店。

纽约公共图书馆数字馆藏

在美国的建国初期，新国家的庞大面积和快速通信方式的缺乏使得实现整体性和共同性的目标非常困难，特别是对西部新开发的拓荒区。托马斯·杰斐逊（1743—1826）和乔治·华盛顿（1732—1799）都认为需要修建一条横跨阿拉巴契亚的公路，贯通坎伯兰、马里兰和俄亥俄河。最终在 1806 年 3 月 29 日，美国国会批准了这个项目，杰斐逊总统签署了建造国道（在当时被称为坎伯兰路）的法案。

第一条 16 千米的公路向西延伸，合同在 1811 年签署，建造在 1813 年完成。7 年后，公路已经达到了西弗吉尼亚的惠灵，而后停止了建设。这时的公路总长 1319 千米，有邮车开始沿这条线路提供服务。向东，到了 1824 年，公路已经延伸到了巴尔的摩。

几年后，道路修建重新开始，19 世纪 30 年代一条穿过俄亥俄州中部和印第安纳州的线路到达了伊利诺伊州的万达利亚。在这段时间，国道成为了美国第一条使用新兴的碎石铺路的公路。同时联邦政府将公路的大部分责任移交给了相应的州政府，虽然联邦政府保留了公路维修的权利，但是各州府仍旧设置了公路收费站以

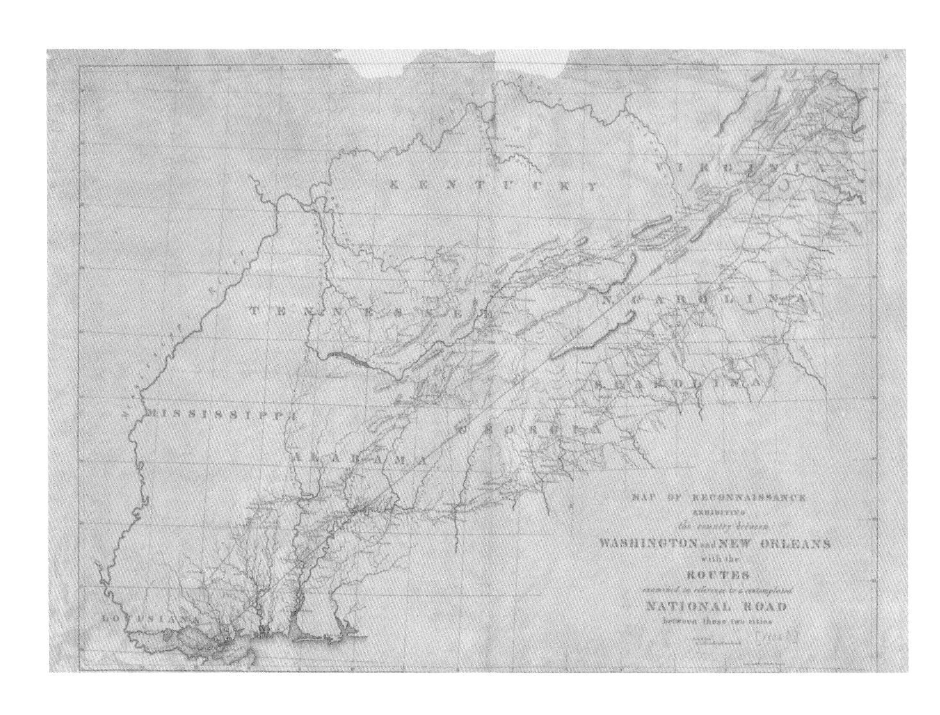

按规划的国道为蓝本，勘察地图展示了华盛顿和新奥尔良地区之间被检查的线路。公路系统——也被称为“主街”——建于1811年到1834年，是第一条美国联邦资助的公路。它出现在流行歌曲和娱乐项目中，也导致了大批移民向西部迁徙。

纽约公共图书馆
数字收藏

获取收入。1837年的金融危机使得向圣路易斯推进的计划搁浅，道路修建再次停止。

小聚居点、商店、马厩、旅馆和酒馆（平均每三千米两个）沿着公路迅速出现，而像宾夕法尼亚的尤宁敦和华盛顿、西弗吉尼亚的惠灵则成为了商业中心。公路本身汇集了不少流行的名字，比如“国家派克”，最有名的莫过于“主街”了，这个名字已经融入流行文化。

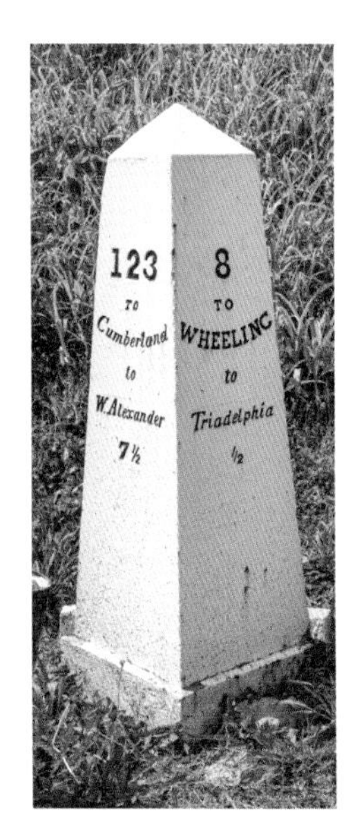

垂德菲和西亚历山大之间国道上的里程碑，标刻着向东到坎伯兰和向西到威灵的距离。

国道的建设在19世纪20年代兴盛起来，又在19世纪30年代末由于经济困难而举步维艰。19世纪40年代国道之所以能够再次恢复建设，是由于成千上万的旅行者向西部移民，他们乘坐驿马车或大篷车，平均每天行驶大约100千米，前往俄亥俄河谷定居。

漆得鲜艳的大篷车以每天25千米的速度在公路上行驶，将糖、咖啡和各种主食送到东部定居者的手中，再将边境生产的物品运回。这一繁盛时期一直持续到19世纪70年代铁路的到来。

52. 斯坦利工厂

约瑟夫·沃森　——格洛斯特郡，英格兰　——1812—1814 年

斯坦利工厂的五层高楼矗立在科茨沃尔德的乡村，一个以纺织业闻名的地区。尽管它不是英格兰的第一座金属框架工厂，但是绝对是最好的。

工厂中的金属结构将铁工艺的实用性和维多利亚时期无瑕的美学风格相结合，造就了一座从历史上和感官上都至为重要的建筑物。

www.whateversleft.co.uk

科茨沃尔德以羊闻名。这里的羊毛产业为很多人创造了财富，使得"羊毛教堂"在这个地区不断增加。格洛斯特郡小镇斯特劳德郊区的国王斯坦利村受益于 14 世纪到来的佛兰德织工和裁缝。到了 18 世纪，已经有大量的手工织工在当地就业。

大约在 1811 年到 1812 年，约瑟夫·沃森开始在一个旧磨坊（有些证据表明这个旧磨坊可以追溯到 12 世纪）的原址上建造一座新工

厂。为了防火选用了铁框架（这些优雅的柱子和桁架是达德利的本杰明·吉本森铸造的）。当防火结构正在顺利进行时，沃森在1813年以总额8655英镑的巨额将工厂卖给了乔治·哈里斯和唐纳德·麦克林。

新厂主进行了一些扩展，增加了一些额外的车间，形成了一组规模可观的建筑。主要的L型建筑是铁框架外砌砖块和石头，每一层由铸铁柱子支持的砖石拱顶。窗户是多格铁框，这种窗柱子以质量著称，横档采用动力传动轴。沉重的金属门用于防火，而且整个建筑确实在1884年经受住了一次大火。

这个工厂最初的动力来自一个两公顷的磨坊水池驱动的五个水轮。1824年增加了一台40马力（1马力等于735.499瓦，下同）的博尔顿－瓦特蒸汽发动机（见第60页，27.惠特布雷德发动机）。在1834年，具有5米落成的五个水轮可以产生相当于200马力的动力。据说当时雇用了800~900人。

海军军部在第二次世界大战期间征用了这家工厂，而后最终在1989年关闭。它的现存状态良好，而且有些人在谈论对它的改造。

工厂最开始使用的是五个水轮的水动力。但是，水动力的不稳定性意味着工厂必须使用更可靠的动力来源，于是安装了一台博尔顿－瓦特蒸汽发动机。

www.whateversleft.co.uk

53. 喷气比利

威廉·赫德利 ——达勒姆，英格兰 ——1813—1814 年

喷气比利是将蒸汽机发展成为有效驱动装置的重要环节。它确立了机车只可以利用黏着来牵引具有显著重量的物体的原则。

由威廉·赫德利设计，随着 1830 年怀勒姆煤矿铁路的重建，膨胀比利被修复还原。如今，它是伦敦科学博物馆静态展览的一部分。

华盖创意

1810 年，在一次对达勒姆矿区颇具影响的罢工期间，怀勒姆煤矿主克里斯托弗·布莱克特（1751—1829）决定利用这个机会进行一些实验，他想知道马匹牵引的列车是否可以简单的通过黏附力由机车驱动。其实之前也有人曾经尝试过，但是事实证明蒸汽机的驱动力不够。不过拿破仑战争时期马匹的缺乏，为这项研究工作注入了新的动力。1811 年，约翰·布伦金索普在米德尔顿铁路上取得了齿条齿轮装置系统的专利。这里使用了带齿轮的驱动轮和铸有齿状结构的铸铁导轨来提升黏合力。

布莱克特非常想知道简单的黏合是否可以用于驱动。最初他测试了一个带中心驱动轴和传动齿轮的手摇车厢并取得了成功。于是他很可能是根据理查德·特里维西克为彭－达伦铁路设计的机车制造了第一个引擎。尽管这个引擎还不够强大，无法有效率地工作，但是它明确了利用黏着操作的蒸汽引擎是有潜力的。

以布莱克特的实验为依据先后制造了三个引擎，第一个就是喷气比利，由工程师威廉·赫德利（1779—1843）在1812—1814年完成，那时他是怀勒姆煤矿的驻场工程师。另外两个分别由发动机修理工乔纳斯·福斯特（1775—1860）和铁匠蒂莫西·哈克沃思（1786—1850）制作。

喷气比利在原有状态下的侧面像。根据赫德利1813年的设计，共制造了三辆类似的机车，其中两辆用于位于诺森伯兰的怀勒姆煤矿铁路。第二辆机车（怀勒姆·迪利）对喷气比利做了少许改进，现保存在爱丁堡的苏格兰国家博物馆。

华盖创意

赫德利机车包含了一系列特点，他为这些申请了专利。它包括两个垂直气缸，分别安装在锅炉的两侧，它们首次通过一个曲柄与驱动轮相连以提供更好的牵引。但是新的机车对于轨道来讲太重了，于是为了更好的平摊机车的重量，1815年在机车上加装了四个轴。但是到了1830年，重建的机车回到了最初的两个轴，因为轨道质量的提高使得原有的重量问题不复存在。

这辆机车一直在怀勒姆使用，直到怀勒姆煤矿的新主人将它借给了伦敦专利局博物馆（伦敦科学博物馆的前身），而后又被该馆所购买。这辆机车一直在南肯辛顿展出，它是世界上现存最古老的蒸汽机车。

赫德利为怀勒姆铁路制造的另一辆机车（怀勒姆·迪利）也保存了下来，并且在爱丁堡的苏格兰国家博物馆展出。这辆机车有个很有趣的后续职业：1822年，它被装在了一艘船的龙骨上，为一艘小型轮桨蒸汽船提供动力，用于搭载罢工破坏者。事后，它又回到了煤矿工作。

赫德利的工作影响深远。来自当地的乔治·斯蒂芬森（1781—1848）就是得益者之一，他研制的具有开拓性的机车就从赫德利汲取了知识。

54. 戴维灯

汉弗莱 · 戴维 ——约克郡，英格兰 ——1815 年

易燃气体为本身就很危险的采矿业增加了更多的危险。安全矿灯使得矿工在地下工作时的危险相对降低，从而挽救了很多生命。

采矿业是一项黑暗、肮脏而又危险的行业。蒸汽的使用促进了工业革命的机械化进程，也使得采矿业成为英国最大的工业之一。在地下的深处操作，采矿业在那个时期是最有可能危害人身安全的工作。戴维灯的出现并不能减少采矿业的艰巨性，但是至少可以使它变得相对安全。

戴维灯可以通过火焰的蓝色火苗来警告矿工矿井里致命气体的危险程度。但是这种安全灯却在无意间造成了矿工的高死亡率，这是因为它使得矿工更加自满和倾向于去未开发的禁区。

华盖创意

1815 年，汉弗莱 · 戴维（1778—1820）推出了安全灯，用于沼气或矿坑潮气（主要是甲烷）潜伏的地区，比如煤矿和锡矿中。1816 年，该灯首次在赫本煤矿使用，而后又在达勒姆郡使用。戴维并不是第一个设计安全灯的人，在他之前有 1813 年的威廉 · 克兰尼和 1815 年的乔治 · 斯蒂芬森都制作过示例模型，但是戴维的安全灯是最有效的。

戴维灯的火焰部分外面包围着一个网罩，这个网罩上的网眼大小适中，即允许足够的空气进入又不会让火焰溢出而点燃空气中的沼气。这种安全

灯还可以检测气体的存在：如果周围有易燃的气体存在，安全灯的火苗就会燃烧变成蓝色。灯上还安有用来测量火苗高度的金属标尺，矿工可以就此来判断危险的程度。当把它放在地面附近时，安全灯还可以用来探测二氧化碳等比空气密度大的气体。当二氧化碳的浓度接近危险水平时（被称为乌烟或窒息气体），安全灯会自动熄灭。当然安全灯的熄灭会发生在气体浓度未到达致命前，这样矿工就有时间远离窒息危险。但是安全灯也并非绝对有效，一个损毁的标尺会影响安全系统的可靠性，矿井中的低气流和通风不足也可能使得安全灯内的火焰无法探测到气体。

收藏在韦尔康信托博物馆的汉弗莱·戴维爵士的肖像。1812 年，作为一位杰出的英国科学家，汉弗莱被授予爵士爵位，并且被邀请到巴黎接受了拿破仑授予的勋章（尽管英法两国正处于战争中）。1820 年到 1827 年，他担任英国皇家学会主席。

韦尔科姆收藏馆

1815 年 11 月戴维在伦敦向英国皇家学会正式提交了一篇描述安全灯的论文。由于他的发现，他被授予学会拉姆福德奖章并通过发行公债获得了 2000 英镑。

当然，戴维灯的发明不能完全杜绝矿井爆炸事故。事实上，1835 年一个矿井事故特别委员会的调查表明安全灯导致了更多的死亡，因为有了安全灯，人们开始对以前因为安全问题而废弃的危险通道进行挖掘。此外，矿灯是矿工自己准备的，由于戴维灯只能发出微弱的光，因此很多矿工仍旧选择使用蜡烛火焰。虽然矿山总是禁止使用蜡烛，但是强制执行是不可能的。另外也有很多矿工喜欢同时使用蜡烛和戴维灯。

55. 第一条碎石路

约翰·麦克亚当 ——布里斯托尔，英格兰 ——1816年

麦克亚当发明的公路路面物质延长了公路的使用寿命，提供了一种更平整的路面，也使造路过程简单化，是继罗马之后道路建设上最大的进步。

约翰·劳登·麦克亚当（1756—1836）出生在苏格兰埃尔的一个贵族家庭，在年轻时就对道路（特别是道路建设的理论和实践）非常感兴趣。他成功修建的第一条道路是在他自己的庄园上，位于阿洛韦和梅波尔之间。1787年，他成为苏格兰东南部低地埃尔郡收费公路的托管人。在这段时间，他对道路的兴趣已经变成了一种痴迷。在布里斯托尔生活了几年后，麦克亚当在1816年1月当选为布里斯托尔测量师，为收费公路信托管理240千米长的公路。最后，他终于可以用布里斯托尔阿什顿门马师道的第一条“碎石路”来检验他的理论了。

不久，他成为了34家公路信托的托管人，并且全心投入公路建设技术中。他向议会提出改善道路的建议，三次为议会道路调查提供证据。1819年，他写了两篇有影响的论文：“有关现有公路建造系统的评论”（观察、从实践中推演、为了现有法律的修改、简单介绍道路建造维修及保护的改进方法、防止道路的不正当使用）和“科学化维修和保护道路的实用论文”。

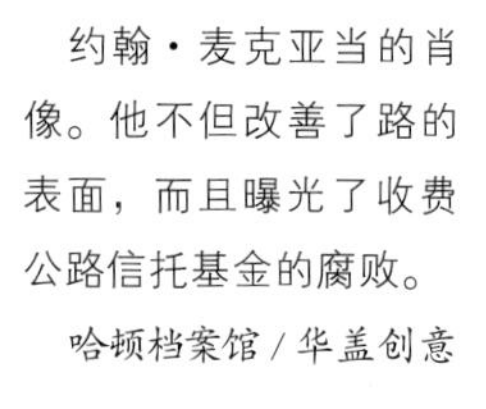

约翰·麦克亚当的肖像。他不但改善了路的表面，而且曝光了收费公路信托基金的腐败。

哈顿档案馆／华盖创意

麦克亚当指出，公路应当直接平整到土地里，但是要高于周围的地面和地下水位。宽度9米，路面呈拱形，中心比路边缘高7.6厘米，这样水可以

流入路两旁的沟渠中。公路最底层深 20.3 厘米，由尺寸不大于 7.6 厘米的碎石组成。上面一层深 5 厘米，由尺寸在 1.9 厘米以下的碎石组成。不允许使用可渗透性材料。施工时，坐着的工人用小锤将石头敲成重量小于 170 克的碎石，而监管员则拿着秤来称量和检查。石头的大小非常重要，表面的碎石必须比一般车轮宽度小。这些石头要仔细而均匀地撒在路的表面，一次一满铲，这样这些碎角石才能形成一层坚实的路面。由于过往车辆会碾压路面，所以不允许有表面的黏结。

麦克亚当的筑路方式快速经济，立即受到了广泛的欢迎。他的方法快速传播开来，从此公路旅行变得更加快捷、顺畅和普及。

麦克亚当坚持对公路进行智能管理和定期的维护，这一观点也影响深远。他希望成立一个中央道路管理机构，有一个带薪的不会被贿赂的专业官员对道路负责。塔玛克柏油碎石，为致敬麦克亚当而得名，在 1902 年由一位来自威尔士的土木工程师和发明家埃德加·珀内尔·胡利（1860—1942）获得了专利。

56. 铣床

伊莱·惠特尼 ——纽黑文，美国 ——1818年

卧式铣床出现在1818年前后，在原理上它和现在使用的先进系统没什么差别。铣床这种机械加工方式突然就成为了可能，这从根本上改变了大多数工业产品的生产方式，降低了成本，提高了产量。图中是一台来自19世纪末的机器。

选自维基共享“有关铣削与铣床的实用论文”。

铣床是大部分制造业不可或缺的一部分，没有它的发明我们所知道的工业革命就不会发生。

在铣床出现以前，要削去一块金属通常要借助手工，要么是用锯或锉，要么用车床。“旋转锉”顾名思义，是在车床上安装一个旋转切割机，然后将要切割的物体——称为“工件”——在车床上缓慢通过。切割机会把所有接触到的金属切除。

铣床的重要性在于它可以进行的加工操作对于手工或车床来说是困难甚至不能完成的。最简单的铣床具有一个或平行或垂直的旋转切割机。要加工的物件被固定在一个可滑动台上缓慢经过旋转切割机。依据加工物件的材料，切割深度的要求等，工件可能会来回数次，每一次通过都是又一次切割。早期的铣床被认为是用于减少手工锉削量的粗加工工具，而不是完全取代手工操作。而后的改进却使得铣床足够精确以至于可以抛弃人工的任何直接参与。

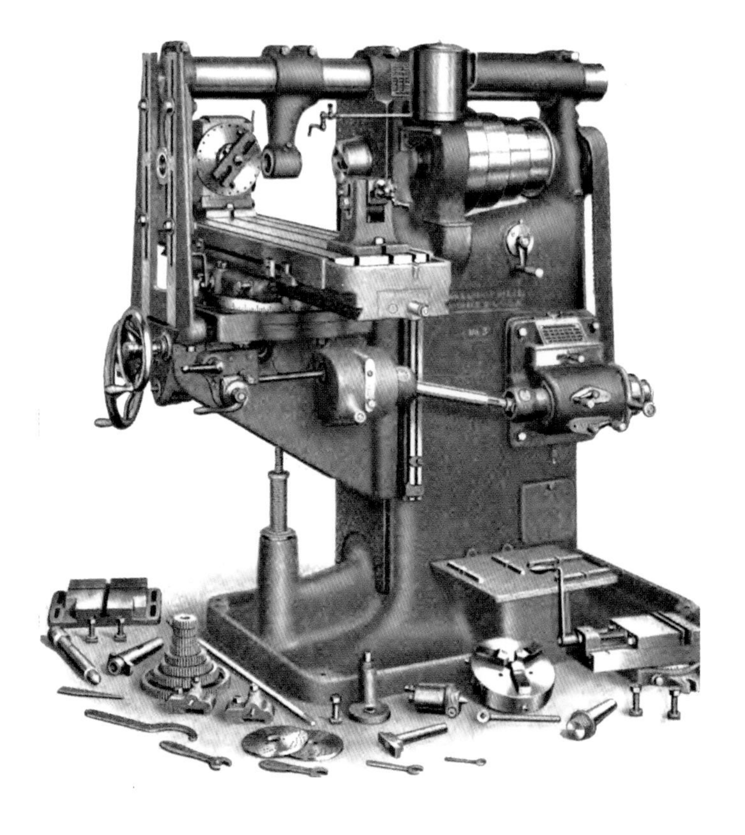

铣床一旦被广泛使用，就成为了几乎所有工业生产不可或缺的一部分，以至于经营一座没有铣床的制造厂简直就不可想象。虽然现代的铣床结构更复杂而且还配备着非常先进的计算机控制系统，但是它的基本原理自从被发明就一直未改变。

1818 年前后惠特尼设计出了铣床，尽管当时也有其他人在从事类似的设计，但是惠特尼仍被公认为是铣床的发明者。惠特尼因发明轧棉机（见第 72 页，33. 轧棉机）而为人熟知，此外，他也是一位很有才华的枪械设计发明家。由此可见，早期铣床的主要发展中心集中在武器制造业并非偶然，其中就包括了斯普林菲尔德和哈伯斯费里这样的联邦军械厂和一些私人枪械厂。

伊莱·惠特尼军械库，在这里由于工作的需要催生了铣床的诞生。很多年来铣床的发明一直归功于惠特尼本人，其实这项发明更有可能发生在马萨诸塞州的斯普林菲尔德或西弗吉尼亚州的哈伯斯费里。

议会图书馆

57. 赫顿煤矿铁路

达勒姆，英格兰 ——1822 年

利用蒸汽机车、固定发动机和自倾斜，达勒姆的赫顿煤矿铁路是世界上第一个不需要任何畜力驱动的铁路。

到了 19 世纪初，建造货运轨道将煤从煤矿运送到诺森伯兰和达勒姆境内河上的货物转运码头，再运往别处的做法已经被普遍采纳。然而，随着对东北大煤矿的知识的不断丰富，个别的庄园主开始尝试在自己的土地上开发煤矿。地主托马斯·里昂和他的儿子约翰为了在自己的庄园和霍顿－拉－斯普林南部之间的地方开采煤矿在 1819 年成立了赫顿煤矿公司。为了运输煤，他们决定修建一条长 13 千米的赫顿煤矿铁路。乔治·斯蒂芬森因为在其他货运轨道的工作而成名，被雇用为铁路设计师。他将固定发动机、自倾斜和蒸汽机车相结合，设计出了世界上首条不需要任何动物为动力的线路，这也是斯蒂芬森设计的第一条全新线路。

转载于 1826 年发表的《美国农民》（*American Farmer*），作者威廉·斯特里克兰。这幅画中既包括一列典型的赫顿煤矿铁路货车，又包括对线路工程师罗伯特·斯蒂芬森所建造的路线的直接解释。

彼得·沃勒

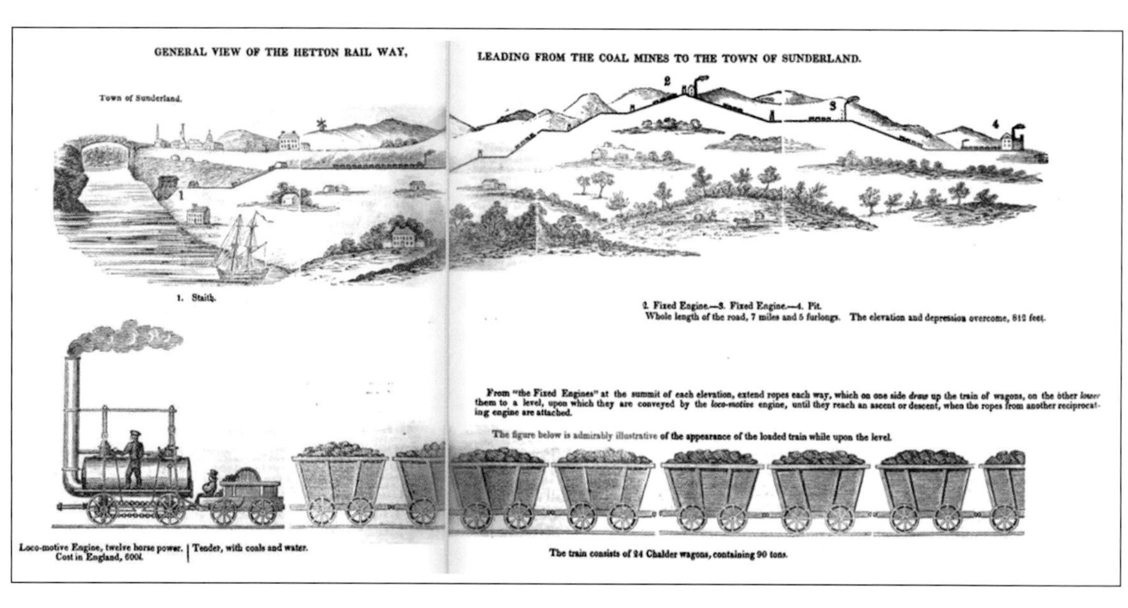

乔治·斯蒂芬森的弟弟罗伯特（1788—1837）是这条线路的驻场工程师，负责施工。1821年3月铺设了第一条新轨道。为了消除对动物驱动的需求，使用两台固定发动机将货箱提升上沃顿·劳尔山，同时安装了5个自倾斜装置，利用下降货箱的自身重量将空的货箱提上来。另外，乔治·斯蒂芬森还提供了5个蒸汽机车，它们采用0-4-0方式的链耦合作车轮，并在原有设计基础上加装了弹簧。这种改进可以弥补由于垂直气缸的作用造成的机车对铸铁轨道的撞击和损毁。在这条铁路的终点威尔河上建造了货运转运码头，以便于将煤炭直接装船。

这条线路开始时并不成功，罗伯特·斯蒂芬森在1823年被解雇。工程师们对这条路进行了改进，其中包括在沃顿劳尔山安装了第三固定发动机。这条线路最终在1959年9月12日被关闭，它被认为是英国最古老的煤矿铁路。

58. “亚伦·曼比号”

查尔斯·内皮尔　——伯明翰，英格兰　——1822 年

“亚伦·曼比号”，以它的设计师的名字命名，是第一艘在海上航行的铁蒸汽船。这艘蒸汽动力船为旅客首次提供了从伦敦直达巴黎的航线服务，预示了航运的未来。

以上尉起家而后成为海军上将的查尔斯·内皮尔（1786—1860）是一位颇有远见的苏格兰海军军官，他的梦想是建造铁质的战舰。作为这方面的先驱，他的野心是带领一支蒸汽船舰队沿塞纳河上下航行。在获得了足够的投资之后，他招募了斯塔福德郡极具开拓精神的工程师亚伦·曼比（1776—1850）和他的儿子查尔斯·曼比（1804—1884）来帮助他。他们决定设计一种可以由预制构件组装成的蒸汽铁船。零部件在曼比的霍尔斯利铁厂生产然后分装运送到泰晤士河畔的罗瑟西斯的工厂组装。这是第一艘按“可拆卸”原则建造的蒸汽船。

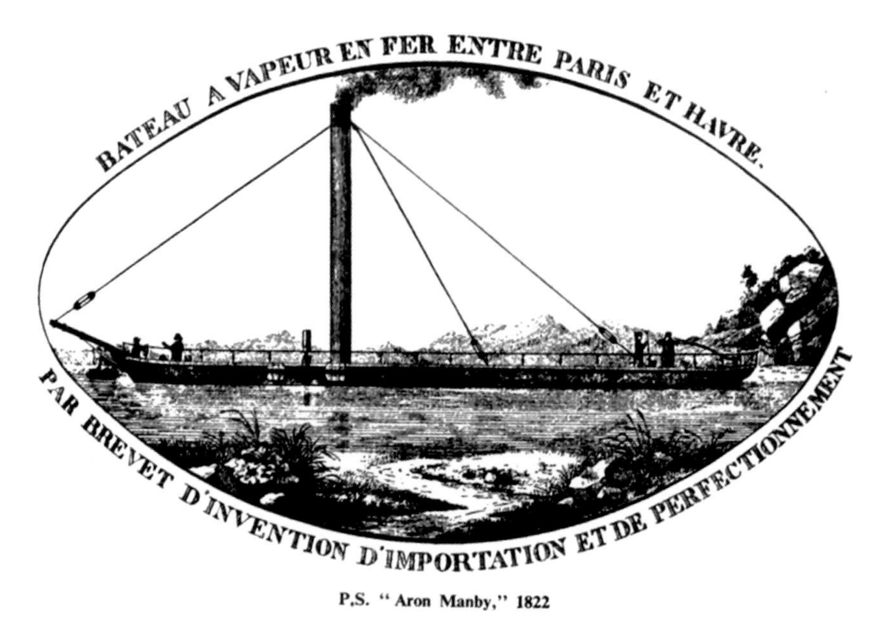

P.S. “Aron Manby,” 1822

“亚伦·曼比号”是第一艘横跨英吉利海峡的铁蒸汽船，它在 1822 年抵达了勒阿弗尔。

维基共享资源

“亚伦 · 曼比号”有一个长 36.6 米的平底船体，由 6.35 毫米厚的铁板固定到带角铁的船筋上。它有一个木甲板、一个船首斜桅和一个高 14.3 米的引人注目的烟囱。它采用亚伦 · 曼比的专利（1821 年）振荡发动机驱动。这是一种特意为航海设计的蒸汽机，连接两个直径 3.7 米的桨轮，为了适应塞纳河上 7 米宽度的工作限制，桨轮的跨度只有 0.7 米。它每小时可以行使 9 海里，汲水量比它同时期的其他蒸汽机都要少 0.3 米。整个船体重 116 吨。持怀疑论的人认为她会沉船。

1822 年 4 月 30 日，“亚伦 · 曼比号” 在泰晤士河上完成了试航，一个多月后的 6 月 10 日，“亚伦 · 曼比号” 跨越了英吉利海峡。这次航行由查尔斯 · 内皮尔担任船长，查尔斯 · 曼比担任船上的机师，船上携带了数名乘客以及亚麻籽和铸铁组成的货物，到达勒阿弗尔的平均时速是 8 海里。随后它沿塞纳河航行到了巴黎，并且在那里引起了轰动。“亚伦 · 曼比号” 又重复了几次横跨英吉利海峡的航行，而后成为沿塞纳河上下航行的游船。

内皮尔资助建造了 5 艘相似的铁蒸汽船，但是在 1827 年由于经营失败而宣布破产。“亚伦 · 曼比号” 被卖给了法国财团贝塔乌尔 · 瓦佩恩 · 恩费尔公司。该财团以南特为基地，在卢瓦尔河上继续营运“亚伦 · 曼比号”直到 1855 年该船退役并被解体。

亚伦 · 曼比用铁板代替木头来制造船体，彻底改变了造船业。它是皇家海军第一艘铁护卫舰皇家海军舰队“勇士号”的直接祖先。该舰建造于 1860 年，正好是内皮尔逝世那年。

59. 差分机

查尔斯·巴比奇 ——伦敦，英格兰 ——1822 年

虽然有很多前身，但是差分机确立了现代计算机运行的基本原则。因此，如何强调它在人类历史发展上的重要性都不是夸大其词。

我们不知道第一个机械计算设备是什么时候制造的，但是它一定在人类历史的早期就出现了，一个在公元前 2 世纪的沉船遗迹里发现的青铜航海计算器证明了这点。更近期一些的尝试出现在 17 世纪和 18 世纪。但是，他们都没有成功。

自那之后，直到查尔斯·巴比奇（1791—1871）宣布他发明了差分机，机械计算器才真正向现代计算迈进了一步。巴比奇在 1822 年 6 月 14 日向皇家天文学会提交了一篇名为“将机器应用于技术天文和数学表格”的文章。文中他概述了一个用于将多项式函数表格化的自动机械计算器。在此之前，由于计算多项式函数过程漫长而单调，人工计算非常容易出错。

查尔斯·巴比奇肖像版画。巴比奇在 1871 年 10 月 18 日去世，这幅肖像版画刊登在他去世不久后 11 月 4 日出版的《伦敦新闻画报》（*The Illustrated London News*）。

维基共享资源

这样一个机器可以处理各种复杂的数学函数包括对数和三角函数，这对于工程师、科学家和航海者非常有用。但是，他的手摇模型只是对基本原理的一种演示，要想建造一个完整的机器他还需要做很多的研究和实验。他得到了英国政府的资助，因为当时的英国最关心的就是得到一个更好的航海表，而这要通过建造一个完整的机械计算机来实现。然而巴比奇很快就发现当时所具有的技术根本不可能制造出满足精度需要的部件。虽然在 1832 年，他设法造出了一个小型的工作模型，但是建造更大模型的工作却在第二年被搁置了。1842 年，英国政府最终放弃了这个项目，但是到那时已经在这上面

花费了 1.7 万英镑的巨资。

巴比奇接着设计了比差分机更加先进的分析机。虽然巴比奇曾在 1849 年推出差分机 2 号，可以处理 31 位数字和 7 阶差分，但是差分机还是被分析机淘汰了。后者不但功能更强大，而且只需要更少的部件却可以更快速地运算。但对巴比奇不幸的是，他改进的新机器被一个德国制造的机器超越了，而逐渐淡出了历史舞台。

这张照片展示了查尔斯·巴比奇的差分机 1 号的现存部分。现为伦敦科学博物馆展品。

科学照片库 T404/0066

60. 罗伯茨织机

理查德·罗伯茨　——曼彻斯特，英格兰　——1822 年

罗伯茨铸铁动力织机为大规模生产机织物提供了第一条可靠途径，颠覆了纺织制造业。它由蒸汽机通过皮带驱动，诸多的创新装置使得它便于安装和操作。因此，它很快就成为了英国棉纺业的支柱。

虽然第一部动力织机由埃德蒙·卡特赖特在 1785 年发明（见第 64 页，29. 动力织机），但是它还远远够不上完美。最主要的问题是空气中湿度的变化导致木框架变形，对织物的疏密造成各种各样的问

这幅画展示了一家纺织厂织区的内部场景——图中描绘的织机就是理查德·罗伯茨研制的铸铁框架的动力织机。木制的框架在潮湿的生产环境下（如果空气太干燥，织线会断裂）普遍存在弯曲变形的现象，以致降低了经济效益，相反铸铁框架在同样潮湿的环境下却非常稳定，从而最大程度地降低了木框架翘曲带来的风险。

韦尔科姆收藏馆

题，特别是纱线的张力。如果一根线太松就有被机器挂住的危险，相反如果太紧，就可能会折断。为了克服这些框体移动带来的问题，理查德·罗伯茨（1789—1864）在1822年申请了铸铁框架的动力织机的专利。罗伯茨是一位为纺织业生产精细机械工具的工程师，这使得他拥有足够专业的知识设计出一个稳健的解决方案。

罗伯茨的新机器不仅有铸铁的框架，还包含了很多创新。这些改进的主要目的是使机器更好调整也更牢固。一种改进针对生产过程中随着经线的消耗，线轴直径越来越小所导致的经线张力改变。另一种改进使得织布通过一个使用棘轮的齿轮从织机上垂下时保持合适的织物张力。织机本身的主轴上有一个沉重的飞轮，用于抑制蒸汽机驱动的一系列传送带所产生的各种震动。除此以外还有其他一些类似的机制使得罗伯茨的织机非常耐用而且易于操作。正是由于它的日常可用性，罗伯茨织机被兰开夏郡的棉纺厂广泛采用。

这种织机在当地的大范围使用彻底改变了棉纺织业。同时，纺织能力的提高又一次导致了纱线的短缺。

61. 波特兰水泥

约瑟夫·阿斯普丁 ——约克郡，英格兰 ——1824年

这种快速凝结水泥是混凝土的基本成分，被建筑业大规模地用于新颖的和富有想象力的建筑项目中。

约瑟夫·阿斯普丁（1778—1855）是一位砖匠和木匠。一次在厨房进行材料实验时，他发现将黏土和石灰石加热到很高的温度，冷却后研磨成粉，再将其与水混合就形成了一种黏性很强的水泥。

1824年10月，他获得了名为“对人造石生产模式的改造”的专利，不过阿斯普丁喜欢称这项发明为波特兰水泥，因为它“与最好的波特兰石相似”。波特兰石是产自多塞特郡的一种鲕粒灰岩，是当时最负盛名的建筑用石。阿斯普丁采用的是用于铺设收费公路和市内人行道的宾夕法尼亚石灰纪石灰岩。最初，他使用修建公路的边角料。事实上，他曾经两次被起诉，原因是挪用了利兹附近道路上的整块铺路石。

阿斯普丁设计的混合物具有快速凝固和低强度的特点，是制作建筑预制模塑件和粉饰飞檐和天花板细节的理想材料。它的水泥通过两次烧制很纯的石灰石来制成。首先将石灰石燃烧成石灰；其次将石灰与黏土混合制成熟石灰后晒干碾碎；最后在立窑中再次燃烧直到碳酸被完全除去。剩余的煅烧产物被研磨成粉。各种材料的准确配比严格保密。

在获得专利后，波特兰水泥开始在英国和欧洲大陆生产，但是由于它的工艺比普通水泥耗时且成本高，它的使用率并不高。

1825年，阿斯普丁和同样来自利兹的威廉·贝弗利建立了合作关系，他们在韦克菲尔德的柯克盖特成立了一家水泥生产工厂。同时，阿斯普丁还获得了第二项关于生产石灰的专利。他的小儿子威廉也加入公司成为一名经纪人，但是两人后来闹翻了，威廉在1841年离开了公司。

威廉使用石灰含量更高的配方，并且在更高的温度下（使用更多

的燃料）进行燃烧，然后将之前废弃的熟料研磨成粉加入混合物中。两年后他在肯特郡的诺斯福利特靠近丰富的软白垩矿床的地方成立了自己的水泥工厂，在这里他生产出了更坚固的“现代”波特兰水泥。威廉和伊桑巴德·金德姆·布鲁内尔建立了合作关系，而此时布鲁内尔和他的父亲正在建造泰晤士隧道（见第130页，62. 泰晤士河隧道）。布鲁内尔对“现代”波特兰水泥的使用被认为是这种产品的首次大规模应用。1843年泰晤士隧道开通并受到公众的赞誉。

利兹天使客栈院中的蓝色牌匾，用于纪念波特兰水泥的发明者约瑟夫·阿斯普丁的故居。他的专利书中这样描述他的混合物：“我的方法制作的水泥或人造石可以用于粉刷建筑物，建造自来水厂、蓄水池或其他用途……我称之为波特兰水泥。”

本·道尔顿/维基共享（CC BY 2.0）

62. 泰晤士河隧道

马克·布鲁内尔 ——伦敦，英格兰 ——1825—1843 年

马克·布鲁内尔在泰晤士河下修建的隧道工程第一次验证了使用隧道盾构可以成功地在河下建造隧道。

马克·伊桑巴德·布鲁内尔出生在法国。也许他一直被自己更出名的儿子伊桑巴德·金德姆·布鲁内尔掩去了光芒，但是从长远来看，他的成就，特别是最著名的开发隧道盾构法和建造完成泰晤士河隧道，恐怕远比他的儿子更有影响力。

华盖创意

18世纪后半叶，运河系统的发展见证了隧道的修建，比如经过12年艰辛努力在1805年开通的大联合运河上的布利斯沃斯隧道。但是这些工程都建造在水平面以上。马克·伊桑巴德·布鲁内尔（1769—1849）和他的儿子伊桑巴德·金德姆·布鲁内尔（1806—1859）的天才之处在于他们面临水流涌入的危险而开创性地在已有水道的下面开凿了隧道。这条隧道竣工已经快175年，但是它仍旧为连接泰晤士河南北两岸扮演着至关重要的角色。

很久以前，人们就认识到必须要在伦敦桥下游创建一个穿越泰晤士河的方法。这不可能是一座桥，因为不能影响往来伦敦码头的航运。在马克·布鲁内尔参与之前，理查德·特里维西克（见第82页，38. 喷气的魔鬼）曾经支持过一个计划但是却无疾而终。布鲁内尔早就考虑过开凿隧道，实际上他曾经为圣彼得堡提供过一个计划，但是他的理论付诸实践却是在伦敦。1818年1月他和性情多变的唐纳德十世伯爵托马斯·科克伦（1775—1860）为盾构法申请了专利。据说盾构法是基于船蛆的壳的原理，这种方法目前仍被用于主要的隧道项目上，比如英吉利海峡隧道和为伦敦的轨道交通服务的新隧道。

在包括惠灵顿公爵等很多知名人士的支持下，泰晤士河隧道公司于 1824 年成立，并于第二年开始运营。隧道盾构机由亨利·莫兹利在兰贝斯的工厂（见第 78 页，36. 螺旋切削车床）制造，经过一系列事故后最终于 1825 年 11 月安装在了洛瑟海斯，随后钻孔工作开始。然而，隧道作业区在 1827 年 5 月和 1828 年 1 月先后两次出现了水淹事件，6 名工人死亡，全部工程停止。直到 1835 年一个全新的改进的隧道盾构机替代了 1825 年安装的隧道构机盾，工程才重新开始。随后的施工中又经历了四次水淹、火灾以及甲烷等其他问题，进度十分缓慢，直到 1840 年 11 月才完工，最终在 1843 年 3 月 25 日向公众开放。建成的整个结构长 396 米，宽 11 米，高 6 米，在高水位时距离河面 23 米。

泰晤士河隧道最终于 1843 年 3 月开通，标志着长达 20 多年的工程终于完成了。170 多年过去了，它作为铁路隧道仍在使用中。

华盖创意

虽然泰晤士河隧道取得了技术上的胜利，但是在财政上却算得上是一场灾难。它的造价高达 634000 英镑，远远超出了当时的预算，同时供车辆和行人使用的计划也从来没有实现。1865 年隧道被东伦敦铁路购买改造成了铁路隧道。1869 年 12 月 7 日第一批列车通过隧道。多年来隧道一直作为东伦敦地下铁路的一部分，2007 年到 2010 年它被升级成为新伦敦地面交通网的一部分。

63. 电磁铁

威廉·斯特金 ——纽芬兰，加拿大 ——1825年

电磁铁是又一个看上去非常简单但实际上却对科技发展产生广泛影响的设备。从电报通信的发明到现在洗衣机内的电动机，它的影响无处不在。

1820年丹麦物理学家汉斯·克里斯蒂安·奥斯特（1777—1851）在讲授电学时，观测发现了电磁现象。相关报道很快被一位电气工程师威廉·斯特金（1783—1850）看到了。斯特金在纽芬兰服役期间曾对观测到的雷暴现象很着迷，而对电磁现象的入迷导致他从事了一系列的实验。1825年，他宣布发明了电磁铁。这是一个马蹄铁形状的粗糙铁块，上面缠绕着很多圈铁线圈。当他为线圈通电时，铁块被磁化了，而切断电源，铁块就消磁了。他的演示证明，一块质量仅仅198克的铁块在被适当电磁化后可以提起重达4千克的物体。

斯特金电磁铁的另一个特点是可以通过控制供电量来控制电磁铁

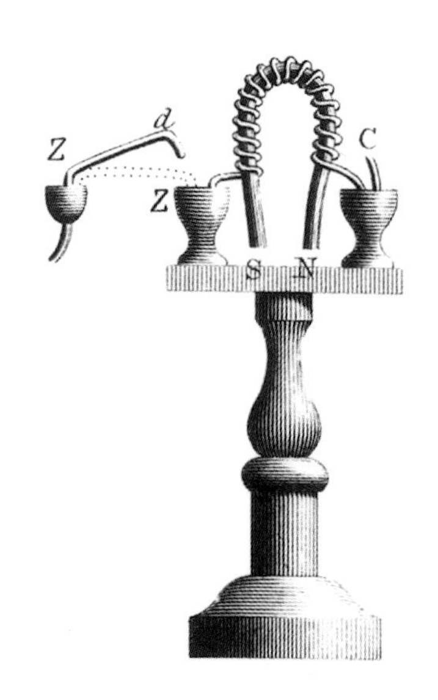

1824年威廉·斯特金向英国皇家艺术、制造和商业学会提交了关于新发明电磁铁的论文。这是他为文章绘制的示意图。裸露的铜线缠绕成18个线圈，电流就从中通过。图中鸡蛋形状的碗内盛放着水银，这是一种早期的通电方式，左边的手柄充当开关。

维基共享

的强度，电流越强，产生的磁力就越大。他继续实验，在1832年发明了换向器，这是大多数电动机末端安装的分段设备。它最简单的结构包括两个碳刷，电流通过碳刷传送到旋转的线圈上，从而利用电磁现象驱动电机。

英国物理学家和发明家威廉·斯特金的肖像。斯特金最为著名的成就是发明了电磁铁，他还制造并改进了电动机。这幅画绘制于斯特金生活的年代。

科学图片库

美国发明家约瑟夫·亨利改进了斯特金的发明，制造了更为强大的电磁铁。他能够证明电磁铁可以在远程通过电流控制，这正是电报的基础，因此也预示着现代通信技术的诞生。

斯特金继续获得了很高的赞誉，成为一个令人尊敬的讲师并且完成了许多重要发明。可悲的是，虽然他非常努力拥有很多卓越的发明，但是他并没有挣到多少钱，1850年12月4日他在曼彻斯特去世时已经穷困潦倒。

64. 走锭纺纱机

理查德·罗伯茨 ——伦敦，英格兰 ——1825 年

18 世纪末到 19 世纪初，由于纺织技术的发展导致了纺织纱线的供不应求。不少人提出各种不需要技术工人时刻监督的纺纱方法。但是只有罗伯特的走锭纺纱机符合商业环境的需要。

理查德·罗伯茨发明了动力织机（见第 126 页，60. 罗伯茨织机）不久，他就意识到除非能纺出更多的纱线，否则他的新机器的市场需求就会急剧下降。于是他决定自己解决纺纱能力不足的问题。依靠一贯的彻底的工作方式，他发明了走锭纺纱机。这就是我们现在说的“自动化”，因为它只需要操作员极少的干预。

正在纺纱的走锭纺纱机，由水或蒸汽机通过皮带传动。注意右边机器下面正在打扫的小孩。
韦尔科姆收藏馆

他发明的纺纱机结合了许多新奇的特性使其得以自动化。其中包括每个纱锭顶部的一个反转装置，引导纱线落入所需位置的装置，一

个控制纱锭在直径变化时仍旧可以按正确速度旋转的装置，以及很多其他的纱线导引机制。上述这些的实现依赖于与“整形器”相连接的一系列杠杆和齿轮。控制纱锭旋转速度的装置是一个配有重力绳的滚筒，它由纺纱机的主轴带动旋转，与纱锭通过齿轮绞合在一起。整个系统形成一个整体，由于罗伯茨坚实的工程实践经验，纺纱机不但有效还易于操作，而且非常可靠。

伴随他的动力织机，走锭纺纱机极大程度改变了当时的就业环境，因为从那时起不管是纺纱还是织布都不再需要熟练工匠。事实上，半熟练的工人就可以操作机器。大批的农业工人涌入接受新的工作，从而导致了社会环境的重大变革。

通常，纺纱机由男性操作，而织布机由女性操作。随着走锭纺纱机的逐渐普及，老式的手摇纺纱机被越来越多的称为“骡子珍妮”。

65. 斯托克顿至达灵顿铁路

乔治·斯蒂芬森 ——达勒姆郡，英格兰 ——1825年

乔治·斯蒂芬森是工业革命时期最有影响力的工程师之一。他同时参与土木和机械工程项目，由于在斯托克顿至达灵顿和利物浦至曼彻斯特铁路的工作，他被视为“铁路之父”。正是他倡议使用4.85英尺的轨距，并且最终使它成为英国以及世界大部分地区铁轨的标准轨距。

开通于1825年，斯托克顿至达灵顿铁路是世界上第一条使用蒸汽机来同时牵引客货车厢的铁路。

随着达勒姆煤田的开发，依靠马匹将煤驮运到港口再向南方船运的运输方式已经越来越无法满足需要。达勒姆郡的蒂斯河畔斯托克顿是这条交通线路的主要出口之一。当地政府投资对它进行了改进，以保证蒂斯河下游可以满足日益增长的交通需求，并且非常热衷于提高港口在运输煤炭方面的利用率。

开凿运河的提议，和之后铺设铁路连接斯托克顿与达灵顿以及西部煤矿的提议最早出现在18世纪末，但是直到1821年4月19日允许修建斯托克顿至达灵顿铁路的法案才获得皇家许可。铁路的主要推动者是达灵顿羊毛制品制造商贵格派教徒爱德华·皮斯（1767—1858），他与银行家乔纳森·巴克豪斯（1779—1842）是铁路的主要赞助人。

乔治·斯蒂芬森（1781—1848）被任命为这条铁路的工程师，之前他曾经受雇于基林沃斯煤矿，为尼古拉斯·伍德（1795—1865）工作，伍德也是一位推动新铁路的核心人物。1814年，仍在基林沃斯工作的斯蒂芬森设计了他的第一台蒸汽机车“布吕切号”。尽管最初的施工许可法案中并没有对驱动方式做特别的要求，但是斯蒂芬森在线路完成时坚定的倡导使用蒸汽机车。1823年5月23日一项新法案颁布，允许使用“机车动力或移动的发动机”。同一年斯蒂芬森和皮斯一起在泰恩河畔的纽卡斯尔成立了一家机车制造厂——罗伯特·斯蒂芬森公司。1825年第一辆机车在这里成功生产，这辆机车为斯托克顿至达灵顿铁路制造，被命名为

机车1号。机车很大程度上基于斯蒂芬森在基林沃斯获得的知识，共有4个驱动轮。人们认为机车1号（最初命名为活跃号）是第一个使用连接杆的机车。

机车1号由乔治和罗伯特·斯蒂芬森设计，罗伯特·斯蒂芬森公司制造，它来自乔治·斯蒂芬森早期为基林沃斯煤矿制造机车积累的经验。

维基共享

1825年9月27日，机车1号在斯托克顿至达灵顿铁路上牵引火车实现了首次行驶，这使得机车1号成为世界上第一个在公共铁路上牵引火车的蒸汽机车。第一列火车由乔治·斯蒂芬森亲自驾驶，包括11节运煤车，一节为“实验”的车厢和20节坐满乘客的客车车厢。尽管它越来越落伍，机车1号还是在铁路上一直服役到了1841年。而后它被短暂的用作固定泵发动机，直到1846年被修复后又重新用于铁路。10年后，挺过了一段可能被报废的危险岁月，机车1号得以被修复，并在第二年被正式保留了下来。今天，机车1号作为国家收藏中的一员在达灵顿展出，而在比米什则可以看到它的复制品。

比米什博物馆中波克利马车道上的机车1号的复制品。

林肯的彼得/维基共享

（CC BY 2.0）

66. 伊利运河

德威特 · 克林顿　——从奥尔巴尼到水牛城，美国　——1825 年

伊利运河是当时美国最大也最有野心的土木建筑工程，它通过哈德逊河将纽约与五大湖相连，打开了向西部拓荒和商业发展的道路。

伊利运河是纽约州长德威特 · 克林顿的愿景，他希望能够向美国内陆开放商业市场，同时又能够保障纽约作为东海沿岸最重要港口的地位。虽然联邦政府拒绝了他的经费申请，克林顿却通过纽约州议会成功申请到了 700 万美元并被任命为该项目的专员。

这条运河从伊利湖东岸的水牛城开始，通过阿巴拉契亚山脉的莫霍克峡谷，最终到达哈德逊河，全长 584 千米。运河顶部宽 12 米，底部宽 8.5 米，沿岸是深 1.2 米的纤道。它的海拔必须要高于 152 米，沿路需要 83 个石头船闸和 18 条渡槽。

1816 年 7 月 4 日施工从纽约州中部平坦的罗梅到尤迪卡地区开始。它一下就取得了巨大成功，交通收入足以支付这部分运河的成本。但是下面的施工比较棘手，需要 50 个船闸。施工人员和工程师都没有这方面的技术经验，他们需要边干边学。

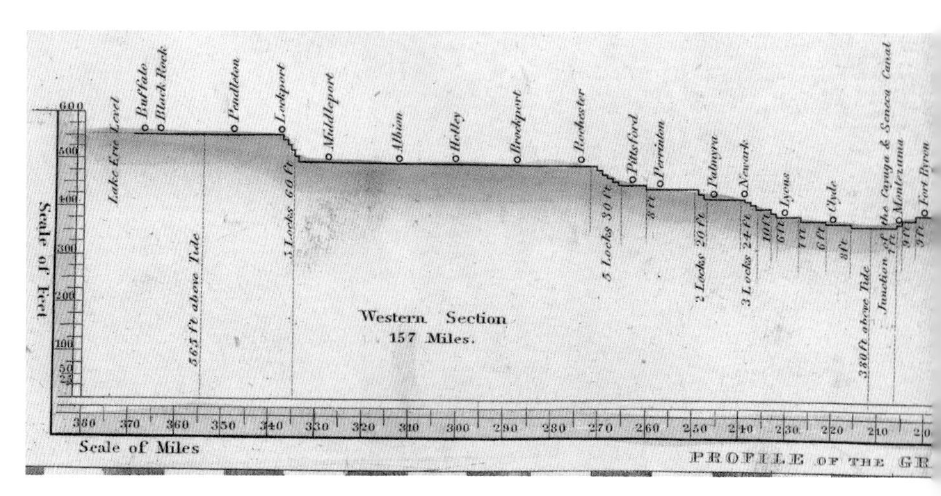

当时绘制的伊利运河剖面图，形象地展示了这个项目所面临的挑战。特别是图中描绘的令人惊叹的尼亚加拉断崖，需要 27 个船闸才可以使船只在 177 千米长的东线上下移动。

维基共享

最大的挑战是西边的尼亚加拉断崖，这是一个长23米的山脊。工程师内森·罗伯茨将两个五级船闸并排设置，通过一系列总共10个船闸来解决这个难题。下一部分需要在高原上切割爆破，开凿5千米长、9米深的水渠。东部的运河从布罗克波特至奥尔巴尼段在1823年9月10日开通。这部分长50千米，需要27个船闸来处理一系列自然急流。

从空中鸟瞰伊利运河的洛克波特段，朝向西南方看。在1817年到1825年，工人们在这里修建了一对五级的船闸（照片中心），每一级船闸扬高大约3.5米，最后将运河升到高18米的尼亚加拉断崖处。

议会图书馆

为了分散施工，很多小公司受雇分别挖掘运河的一小部分。每个公司负责雇佣人力、马匹和设备，并且监督和支付工人工资。总共有大约9000人曾受雇修建运河，大部分是美国土著和爱尔兰的苦力。劳动力廉价而又充足，不幸的是，很多人在施工中死去。

运河在1825年10月26日正式开通，比原计划早了两年。在盛大的庆祝活动上，克林顿州长乘坐“塞内卡酋长号”游览了整条运河。他从水牛城开始沿途大炮齐鸣。

运河船只可以运输大约30吨的产品，主要是谷物和羊毛，有时也有威士忌和肉类。从水牛城到纽约的运费因为运河的开通从每吨100美元跌至25美元，而且还在持续下跌。三年的交通收入就连本带息地偿还了开凿运河时的州贷款，而且还资助了几条支渠的建造。

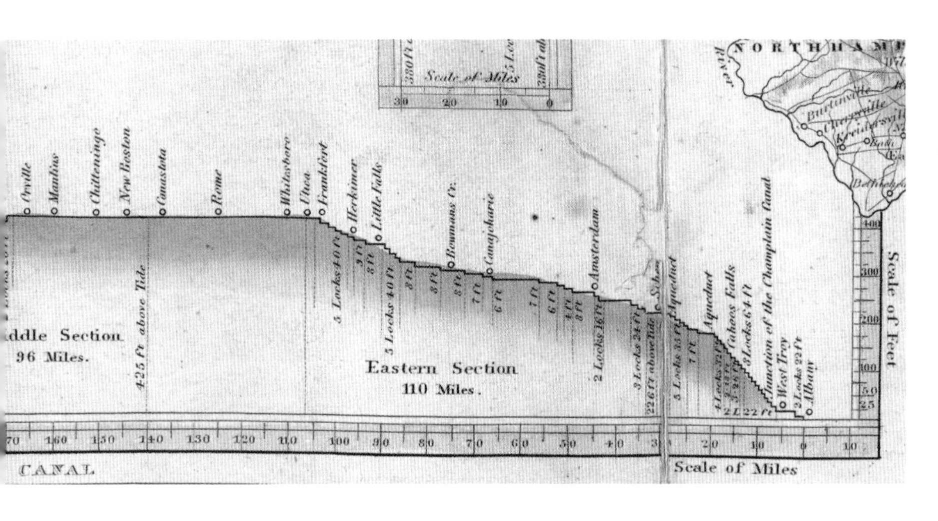

67. 梅奈悬索桥

托马斯·特尔福德　——安格尔西岛，威尔士　——1826 年

这座横跨水流湍急的梅奈海峡的大桥在《联合法案》颁布后改善了大不列颠和爱尔兰之间的交通，显示了一种不同于传统桥梁的建筑方式。

1801 年由于暴动和法国插手爱尔兰的威胁，大不列颠和爱尔兰之间通过了一项《联合法案》。这项法案规定爱尔兰议会解散，代表爱尔兰的议员和贵族分别进入威斯敏斯特的下议院和上议院。这项立法的后果之一是使得人们认识到伦敦和霍利海德之间的通信需要大幅度地改进。著名工程师托马斯·特尔福德（1757—1834）受雇接受了挑战来解决这个问题。大部分的升级改造都涉及从伦敦经过利什菲尔德和什鲁斯伯里通往安格尔西的公路，也就是现在的 A5 号公路。

然而，要到达霍利海德面临着一个巨大的挑战，因为需要建造一个固定的设施用于横跨梅奈海峡到达安格尔西岛。特尔福德的设计必须克服很多阻碍。海峡水流湍急，两岸高耸是一个重要问题，因为这使得建造传统的桥墩式桥变得不切实际。另外，海军也担心桥面必须在水面以上足够高度才能让皇家海军战舰从桥下通过。考虑到这些问题，特尔福德提议建造一座悬索桥，并获得了批准。桥梁的施工从 1819 年开始，在 1826 年 1 月 30 日如期完工正

横跨梅奈海峡的大桥由托马斯·特尔福德设计，是《联合法案》颁布后，连接不列颠和爱尔兰的重大项目的一部分。这幅摄于 1860 年大桥的照片是从安哥尔西拍摄的。

弗朗西斯·贝德福德/马乔里和伦纳德·费农收藏，安纳伯格基金会从卡罗尔·费农和罗伯特·特布兰购得并作为礼物捐赠/LACMA

梅奈悬索桥竣工已经将近两百年了，虽然经过路面更换和加固，但从不列颠大陆看向安格尔西方向时，它旧时的样子仍旧清晰可辨。

尼法尼翁 / 维基共享

式开通。

这座新桥由威廉·哈兹莱丁（1763—1840）建造，使用的铁制结构由他在什鲁斯伯的铁厂制造。在安格尔西的辅桥有三个石制桥墩，在班戈一侧的辅桥则有四个石制桥墩，它们连接的主塔为桥的主跨面的悬索提供支持。主塔同其他的石制结构一样都是由彭蒙石灰岩建造的，地基采用中空带有横墙的结构。在早期的规划中，主塔的上半部是铁结构，桥两边的车道中间包括一条行人道。但是，主塔最后是全部用石料建造的，中间的行人道也被放弃了。

桥的主跨面长 176 米，在海峡涨潮到最高水位时桥面比水面高 30.5 米。桥的主跨面由 16 根铁链吊起，每根铁链 935 节。1825 年 4 月 26 日到 6 月 9 日一队工人和一组滑轮系统相互协作将铁链悬挂在了海峡两岸。每条铁链长 522.3 米，分别嵌入两岸的基岩内。

桥一开通，木制车道就成了问题，需要改造。19 世纪 30 年代末，驻地工程师威廉·亚历山大·普瑞斯（1792—1870）承担了原有道路的替换工作。他修建的道路一直保存到了 1893 年，而后被钢铁取代。到了 20 世纪，这座桥成为了一类历史建筑，并经过了多次改造，最明显的一次是在 1938 到 1941 年，当时现存的铁链被钢链所替代。

这座桥至今仍在使用中，当然更繁重的交通则使用大不列颠桥（见第 188 页，91. 大不列颠桥）。

68. 现存最古老的相片

约瑟夫·尼埃普斯 ——法国 ——1826 年

第一张图像记录标志着一系列相关发展的开始，最终呈现给我们的是现代的摄影和摄像技术。

现存最古老的相片是一种被称为照相机暗箱的装置的产物。这种装置的主要结构是一个一面有一个针孔的盒子，在 19 世纪初它是一种非常流行的绘画辅助工具。将暗箱摆放在合适位置，就可以将场景的图像投影到附近的一块屏幕上。法国发明家约瑟夫·尼瑟福·尼埃普斯（1765—1833）发现自己缺乏记录图像所需要的传统艺术技能，他决定寻找另一种可行方法。

尼埃普斯提出的方法被称为“光胶版术”。主要的原理是将图像投影到覆有粗糙的光感氯化银涂层的铜版纸上。他面临两大主要问题：一是这种纸一见光立刻就会变黑，图像完全消失；另一个则是记录的影像是负片，该亮的地方是暗的，反之亦然。

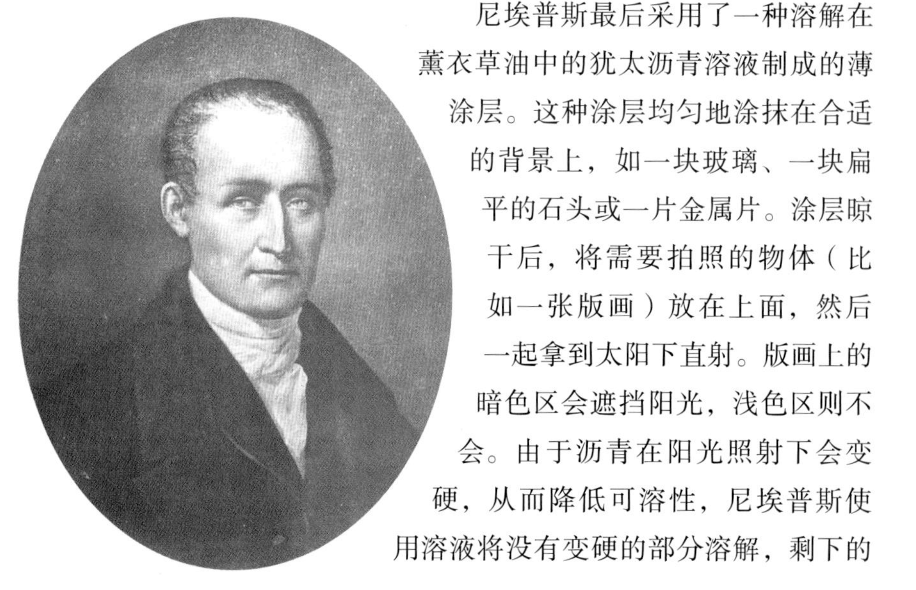

根据现存于法国萨昂河畔迪农博物馆的一幅伦纳德·弗朗索瓦·贝格尔的画作绘制的约瑟夫·尼瑟福·尼埃普斯的肖像。

维基共享

尼埃普斯最后采用了一种溶解在薰衣草油中的犹太沥青溶液制成的薄涂层。这种涂层均匀地涂抹在合适的背景上，如一块玻璃、一块扁平的石头或一片金属片。涂层晾干后，将需要拍照的物体（比如一张版画）放在上面，然后一起拿到太阳下直射。版画上的暗色区会遮挡阳光，浅色区则不会。由于沥青在阳光照射下会变硬，从而降低可溶性，尼埃普斯使用溶液将没有变硬的部分溶解，剩下的

一幅图可以使用酸蚀刻法制成版画或用于平版印刷。

这种方法制造的第一张图片被尼埃普斯尝试用于印刷，它在实验中没能保留下来。大约在 1827 年，他在涂有沥青的铅锡合金上拍摄了从窗子看到的景色。这是世界上已知最古老的相片，所有的现代照相技术都是从这里发展出来的。

这幅加强版的《透过玻璃窗户的风景》由尼埃普斯使用照相机暗箱在 1826 年 或 1827 年拍摄。这是现存最早的真实世界的影像。

维基共享

69. 皇家威廉供应广场

约翰·伦尼 ——普利茅斯，英格兰 ——1826—1835年

皇家威廉的建造为皇家海军在重要的德文波特船坞附近提供了一个集中的、专门的和安全的供给中心。

向庞大的皇家海军提供食物和饮水是一项艰巨的任务，不仅需要和众多的承包商和供应商贸易往来，还要应对可能随之而来的欺诈和腐败行为。不难推测这就是一场噩梦。

向皇家海军供给的艰巨任务由供应委员会承担，他们负责向14万人（1810年的数字）提供充足的供应，保证他们身体健康，在世界的任何一个角落都可以为捍卫国家利益而战。1823年，供应委员会在普利茅斯（1827年在朴茨茅斯）建立了一个集中为皇家海军提供物质的大型供给中心。这里可以为海军在海外的舰艇和人员提供食品等物品

黄昏下的皇家威廉供应广场的现代景观。这片宏伟的建筑群最近被改造成为私人公寓、商店和饭店。

迈克尔·查普曼/维基共享（CC BY-SA 4.0）

的订购、制造和供给。这样极大减少了民间干涉和牟取暴利，极大促进了为海军提供商品和服务的生产和质量。

整个建筑群由建筑设计师和土木工程师约翰·伦尼爵士设计，1826 年到 1835 年施工，建造在普利茅斯城郊的斯通豪斯，普利茅斯湾深水区边，这个区域用国王威廉四世（原来的克拉伦斯公爵）的名字命名，并由他本人放下了奠基石。整个建筑群占地 6.5 英亩（1 英亩等于 4046.86 平方米，下同），其中 4 英亩是填海造地。这里有一系列用普利茅斯石灰岩石和达特摩尔花岗岩建造的漂亮又宽敞的建筑，呈对称的网格分布。这种设计是为了最大限度地提高制造、储存和分配货物的效率。这些货物可以直接运送到停泊在码头的船只上。这个地区包括潮汐盆、码头墙、酿酒厂、制桶厂、磨坊、面包房、仓库、屠宰场和为高级海军军官提供的办公室、宿舍以及警卫室。

每一个建筑都被命名，克拉伦斯（1829—1831）是建造的第一部分。它是一处酒窖，每层分别存放着烈酒、醋和啤酒。因此建筑的大部分结构、屋顶门、窗户等都是铁制以最大限度减少火灾。

每天最多有 100 头公牛在屠宰场（1830—1831）被屠宰，然后将肉腌制装在木桶中。米尔斯面包房（1830—1834）生产面包和饼干。梅尔维尔（1828—1832）是整个地区的行政管理中心，也是主要的食物、设备和服装仓库。

酿酒厂（1830—1831）从来没有酿过酒，它一直闲置到 1885 年，才成了一间修理厂和朗姆酒店。木桶厂（1826—1832）有 100 个箍桶匠，他们生产用来储存酒的木桶和其他产品。警卫室（1830—1831）则作为海军警察的办公室。

总体来说，这个供应处造价高达 200 万英镑，比 1825 年议会估计的 29.15 万英镑要高得多，但是它为海军一直服役到了 1992 年。

70. 伯明翰运河通航渡槽

托马斯·特尔福德 ——伯明翰，英格兰 ——1828 年

托马斯·特尔福德技术方面的创新在于使用铁槽，这样建造的渡槽比传统砖石结构的渡槽跨越更大。他不断完善这项工程技术上的突破，之后又完成悬索桥和公路桥等更著名的工程。

在工业革命时期，英格兰中部地区丘陵地带上遍布着越来越复杂的运河网络。控制运河中的水永不干枯需要复杂的水闸和水泵系统。

旧干线上的伯明翰支线（又被称为“机械臂”）是一段短运河，由托马斯·特尔福德设计并建造，它用于将水从烂园水库（现为埃德巴

这是第一条从河上跨越的铁制渡槽，通过这个铁槽将水从另一水域的上面输送过去。这种做法被之后的运河工程师广泛效仿。

奥瑟姆 / 维基共享

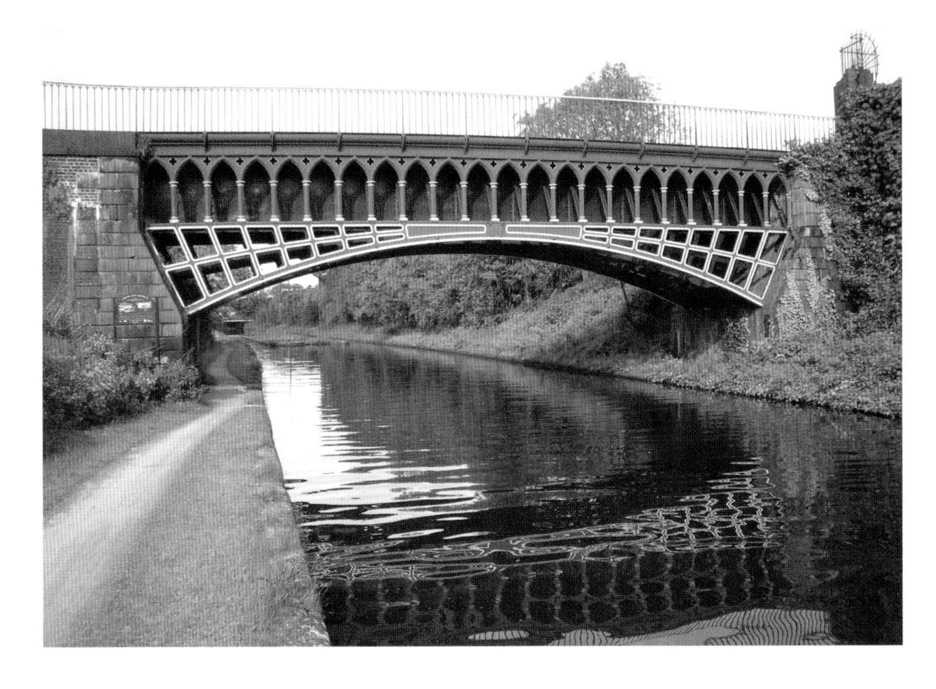

优雅的哥特式铸铁拱门以棕色和奶油色为底略带一点红色，使得伯明翰运河渡槽成为英国中部运河系统的亮点之一。铸铁部件在霍斯利铁厂生产。这家锻造厂的创建人亚伦·曼比因为建造了第一艘蒸汽机铁船而闻名（见第 122 页，58.“亚伦·曼比号”）。

奥瑟姆 / 维基共享

斯顿水库）引出，经过伯明翰运河航运新干线送到相邻和平行的旧干线中。机械臂的一个用处是将水库和斯梅斯威克发动机相连，用于将与伯明翰海拔相当的运河水泵到旧干线的斯梅斯威克山顶（伍尔费汉普顿的海拔）。这条新开线路允许运河船只直接将煤运送到抽水机。

这个渡槽由托马斯·特尔福德在 1828 年左右设计建造，用于横跨在伯明翰运河航运新干线在斯梅斯威克的很深的河床。为此他设计了一个长 15.9 米的铸铁渡槽。渡槽有一个 5 条肋拱组成的单一桥拱支撑，每条肋拱由 4 部分组成，用螺栓连接。渡槽朝向西北到东南方向，宽 2.4 米，由 3 个内部拱顶支撑，其中一部分重量由外部拱顶通过垂直板来分担。另外，对角支柱交叉支撑在石头和砖制拱柱上，以抵消水槽中水的重量产生的向外的推力。

渡槽的东西两侧各有一个 1.3 米宽的纤道，它们由一排优雅的、装饰有凹槽纹的哥特式铸铁柱和尖形拱顶支撑。所有的铸件都是在附近蒂普顿的霍斯利铁厂生产。东边的纤道铺设了砖砌结构，表面是凸起的条状，为拉纤的马匹提供更稳固的立足点。

渡槽的西北端连着一座驼峰形状的可旋转桥，允许纤道通过渡槽入口。它的朝向从东北到西南（与桥本身呈 90°），由蓝色工程砖建成，装饰有石制顶盖和乡村风格的石拱建筑。

71. “斯陶布里奇狮子号”

福斯特－拉斯奇克公司　——斯陶布里奇，英格兰　——1929 年

“斯陶布里奇狮子号”和“火箭号”（第 150 页，72.“火箭号”）这两辆蒸汽机车代表了 19 世纪 20 年代末不同的机车设计。“斯陶布里奇狮子号”是美国第一辆蒸汽机车，它又回归到了传统的设计方式。

到了 19 世纪的第三个十年，蒸汽机车的发展异常迅速。出产于 1829 年的两辆蒸汽机车“斯陶布里奇狮子号”和“火箭号”是这一发展的充分体现。

“斯陶布里奇狮子号”是第一辆在美国运行的蒸汽机车，是传统设计的典范。它包含一个燃烧管锅炉，没有分离的烟箱或燃烧室。垂直作用的活塞由两个蚱蜢梁操作，每个气缸配备一个，安置在锅炉上方。

蒸汽机车是在斯陶布里奇的福斯特－拉斯奇克公司的工厂中生产的。这家公司的所有者是詹姆斯·福斯特（1786—1853）和约翰·厄佩斯·拉斯奇克（1780—1856）。“斯陶布里奇狮子号”是该公司为美国最早的铁路公司之一特拉华－哈德逊运河公司提供的三辆机车之一。它以零部件的形式抵达大西洋彼岸，在纽约的西点锻造厂重新装配。1829 年 8 月 8 日，它进行了第一次正式的测试。问题是机车重 7.2 吨而不是规定的 4 吨，铁路轨道不是纯铁而是装上铁条的木头，这些意味着

霍恩斯戴尔的“美国火车发祥地”纪念牌。这里是“斯陶布里奇狮子号”第一次运行的地方。机车的命名是由于车头的狮子脸和它的生产地——英格兰中部的斯陶布里奇组成的。

本·道尔顿 / 维基共享（CC BY 2.0）

机车不适合在这条线路上运行。公司曾试图将斯陶布里奇制造的蒸汽机车卖掉却没有成功，随后机车的零部件被一点点偷光了。

最终，只有锅炉幸存下来，它一直被一家锻造厂使用，最后被保留了下来。现在它成了华盛顿特区史密森尼学会的藏品之一。许多收藏者都制造了它的复制品，其中包括特拉华－哈德逊运河公司在内。

1916年，艺术家克莱德·德兰（1872—1947）绘制的《第一辆蒸汽机车，纪念“斯陶布里奇狮子号”》。

议会图书馆

72. “火箭号”

罗伯特·斯蒂芬森 ——纽卡斯尔，英格兰 ——1829 年

斯蒂芬森的“火箭号”与“斯陶布里奇狮子号”有非常显著的不同，它的 0–2–2 车轮成型、近水平气缸和改进的多管锅炉引领了未来机车的发展方向。

“火箭号”由罗伯特·斯蒂芬森（1803—1859）设计，在泰恩河畔纽卡斯尔的福斯街工厂制造，为了参加雷恩希尔机车大赛而准备。这次机车大赛的目的是为利物浦至曼彻斯特铁路选择合适的机车。比赛规则决定了机车的设计，比如机车的最大重量由轴的数量决定。斯蒂芬森决定制造一辆两轴的机车，这也就决定了最后的成品不能超过 4.5 吨重。斯蒂芬森认为获胜的设计应该是既轻又快。

“火箭号”的革命性体现在很多方面。虽然它的一些特征已经出现在一些早期的机车中，但是将它们结合起来使用“火箭号”是第一个，这为未来的蒸汽机车设计制定了模版。为了控制重量，斯蒂芬森采用了 0–2–2 的车轮成型方式，节省了连接杆的重量。这种设计使得一个驱动轮可以承担很大的重量，从而提高了附着力。传统的气缸都是垂直放置的，在“火箭号”上则是近乎平行放置，这样可以最大程度降低各种摆动。活塞直接连接到驱动轮上。机车使用一种创新型的多管锅炉，至少包括 25 个铜制排烟管，与使用单管锅炉的机

乔治·斯蒂芬森 1781 年出生在诺森伯兰的怀兰。他出生时的房子现在是国家信托基金名下的一座博物馆。房子外墙上悬挂着一块牌匾，向他和他在雷恩希尔机车大赛的成功致敬。这块牌匾于 1929 年由机械工程师协会制作并揭幕。

托尼·希斯盖特 / 维基共享（CC BY 2.0）

尽管利物浦至曼彻斯特铁路是由乔治・斯蒂芬森设计的，但是“火箭号”的设计却是他和儿子罗伯特・斯蒂芬森共同完成的。由于乔治・斯蒂芬森主要负责利物浦至曼彻斯特铁路的建造，“火箭号”的细节设计以及在泰恩河畔纽卡斯尔的制造都留给了罗伯特负责。1980 年庆祝利物浦至曼彻斯特铁路 150 周年之前，人们制造了一个“火箭号”的复制品。这个复制品和早先的另一个复制品都成为了国家铁路博物馆藏品之一。 托尼・希斯盖特 / 维基共享（CC BY 2.0）

车相比，效率极大提高。一个独立的火箱和爆破管也提高了效率。前者保证焦炭充分燃烧产生热，后者保证有效利用排出蒸汽制造真空，而这些只有通过多管锅炉才能实现。

尽管“火箭号”在它的服役期间经历过一些改动，但是这并不影响它在 1862 年退役时被纳入国家收藏保留了下来。多年来，收藏者们制作了不少它的复制品。

73. 利物浦至曼彻斯特铁路

兰开夏郡，英格兰 ——1830 年

利物浦至曼彻斯特铁路是第一条连接主要人口中心的铁路，也是第一条只依靠机械动力驱动的铁路。

随着工业化和城市化的发展，现有的以水路交通为基础的交通基础设施已经无法满足日益增长的交通需求。其中的一个后果就是被迫依赖运河的商人们认为运河的所有者因为缺乏竞争而获取了额外的利润。当时的曼彻斯特正在逐渐成为棉花产业的中心，但是运输大量的原材料却被运河公司收取不合理的费用。同时，正在逐渐发展成为英国主要港口的利物浦为了满足日益增长人口对食品的需求，也正受到高额运输费的影响。

来自曼彻斯特的纺纱商人约翰·肯尼迪（1769—1855）和利物浦的玉米商人约瑟夫·桑德斯（1785—1860）提议铺设一条连接两个城市的铁路。他们的这个提议是因为受到了威廉·詹姆斯（1771—1837）的影响，他认为由铁路组成的交通网络可以超越现有的马车运输。1837年在詹姆斯的讣告中有这样一段评论："当时铁路还是一个新奇的想法而受人嘲笑，他却自己出资勘探了多条线路。他是事实上的铁路系统之父。"

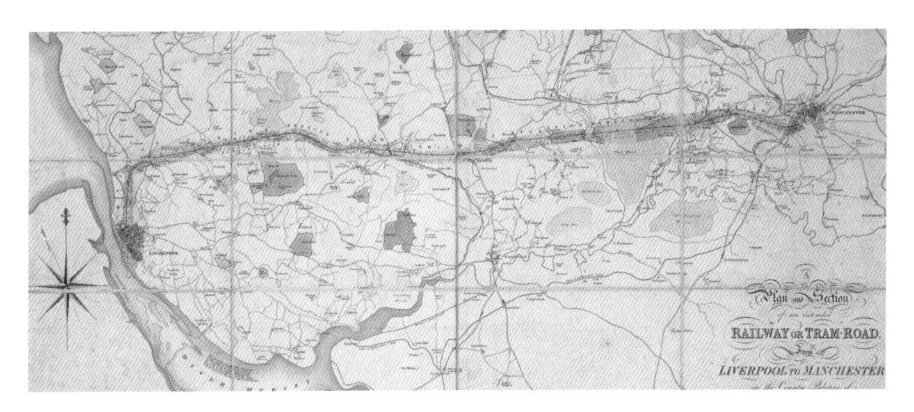

乔治·斯蒂芬森勘探的利物浦至曼彻斯特铁路线。

科学与社会图片库 / 华盖创意

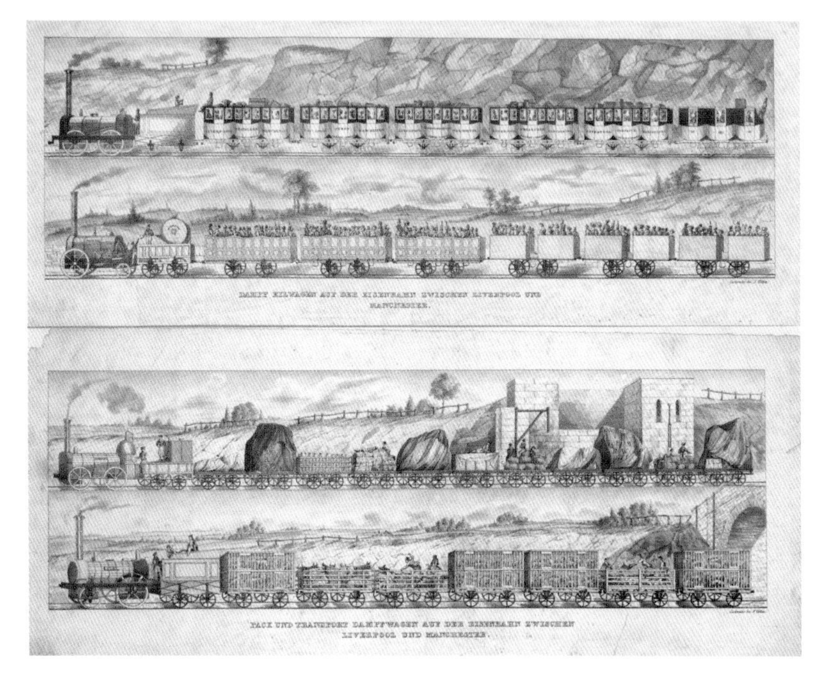

利物浦至曼彻斯特铁路被认为是世界上第一条连接主要城市中心的铁路。虽然最初建造它是为两个城市的商人提供与运河竞争的手段（所以低货运费），但是客运也是从线路一开通就发展起来了。这幅当代版画展示了在雷恩希尔机车大赛（见第150页，72.“火箭号”）中与斯蒂芬森的机车相竞争的其他设计和为利物浦至曼彻斯特铁路量身定制的车辆。

议会图书馆

利物浦至曼彻斯特铁路公司成立于1824年5月20日。乔治·斯蒂芬森被任命为工程师（见第136页，65.斯托克顿至达灵顿铁路），他进行了额外的勘察工作作为对詹姆斯之前工作的补充。但是议会程序显示斯蒂芬森的工作不够完善，于是这项工程交给了乔治·伦尼和他的弟弟约翰（见第144页，69.皇家威廉供应广场）。查尔斯·布莱克·维尼奥尔斯（1793—1875）被任命为检验员。铁路在1826年5月5日获得了议会的授权法案，但是却没有就铁路建设与伦尼兄弟达成协议，于是铁路重新任命了斯蒂芬森和他的助手约瑟夫·洛克（1805—1860）为工程师。

建造这条铁路是一个浩大的工程。其中穿越恰特莫斯沼泽，沼泽的路段长7.6千米，它的铺设充满挑战，需要相当的创造力才可能完成。整个铁路包含64座普通桥梁及高架桥，其中一座位于曼彻斯特附近，开创性地使用了铸铁桁架来支撑铁路。这条铁路在1830年9月15日举行了开通典礼。

利物浦至曼彻斯特铁路开创了机械动力客运线路的概念。这是第一条全程双轨并行的铁路（早期的大部分铁路都是单轨），也是第一条使用信号的铁路。它的信号系统通过沿线每隔1.6千米安置一位信号员来完成的，这些信号员也因此得了“鲍比”的绰号。他们用手臂指示机车是否可以安全通过（后来这种信号系统逐渐被彩旗所替代）。

这条铁路的最重要意义在于证明了铁路是可以盈利的，并且可以有效地同运河竞争。正是这条充满活力的线路带来了铁路时代。

74. 割草机

埃德温·巴丁 ——格洛斯特郡，英格兰 ——1830年

割草机彻底改变了户外运动项目。在割草机没有发明以前，剪草是昂贵费力而耗时的，需要技术熟练的人手持大镰刀来完成。割草机促进了体育运动的发展，也使得家庭园艺更具有可行性。

埃德温·比尔德·巴丁（1796—1846）是一位机械师、自由工程师和发明家，他在格洛斯特郡的斯特劳德山谷地区为纺织厂建造和修理机器。在19世纪20年代末，据说他研制了一种比1835年萨姆·柯尔特的左轮手枪更好使的手枪，在1843年他帮助乔治·李斯特改进了梳棉机，而且他还设计了新型的车床和扳手。一次在布里姆斯坎贝的工厂，他看到旋转的横切机将羊毛织物表面的绒毛剪去，留下光滑的表面，他萌发了用相同的原理来剪去大面积的草的想法，比如在运动场或乡村花园。

巴丁找到了商人约翰·费拉比合作。费拉比的工作是为研制机器出资、申

早期的一台割草机。在没有发明割草机之前，只有富人或机构可以负担平整草坪或场地。割草机的出现使得团体运动得以广泛开展，成为大众喜爱的娱乐方式。

克莱夫·斯特里特/华盖创意

请专利、梳理生产细节、市场推广和将许可证售卖给其他想生产割草机的生产商。

割草机在1830年获得了专利，在专利书上的描述是“一种新的机械组合和应用，目的在于修剪草坪、草地或游乐场上的植物表面。”第一台割草机在斯特劳德附近的特鲁普生产完成。整个割草机长48.25厘米，主体是锻铁框架，由一对把手推动。位于机器后部的压地滚轮更沉也是机器的主轮，它通过齿轮将驱动传递到切割气缸的刀片上。传动比例是16∶1。机器前部的较小滚轮可以控制刀片切割的高度。刀片的运动将割下来的草甩进前面的一个大箱子里。不久又在机器前面额外增加了一个把手，用来拉机器。

最早被购买的割草机用于伦敦中心的摄政公园动物园。另一台则被牛津大学买走。割草机的使用很简单：“握住把手，就像推着两轮车一样，沿着绿地平稳地将机器向前推，不要松开把手，向下的压力适中……”

1832年伊普斯维奇的朗瑟姆首先从巴丁手上购买了生产许可证，并开始出售割草机，终于平民百姓可以自己动手为家里修剪草坪了。根据朗瑟姆的广告：“这台机器操作非常简单，即使毫无平整草坪经验的人都可以轻松地为草坪或保龄球场地剪草。”

令人惊叹的是，即使在现代的割草机中，巴丁最初的设计原理也没有大的改动。

75. 琼斯瀑布大坝

雷德帕斯和麦凯 ——安大略省，加拿大 ——1832 年

1832 年完工时，琼斯瀑布大坝是北美最高的大坝。它的拱形结构背向上游水源，将整个大坝锁定在一起，抵挡后面巨大的水流。

琼斯瀑布大坝建在加拿大安大略省的里多运河上，是琼斯瀑布闸站综合体的一部分。建造大坝的目的是为了阻止桑德湖的湖水经过 1.6 千米的水流湍急地区后形成的巨大水流。这些水流汇集成琼斯瀑布，经过大约 11.9 米跌入波塔瓦托米河，并最终流入欧文桑德湾。

大坝由约翰·雷德帕斯和托马斯·麦凯设计建造，工程的监管是里多运河的主管约翰·比中校。为了在施工期间控制大坝后面桑德湖的水流，开凿了两个泄洪闸，一个位于坝基的东部，另一个位于西部高于坝基 6.1 米的地方。在大坝即将完工前，桑德湖的水被抽干了，泄洪闸被关闭，而后随着桑德湖再次蓄水，迅速完成了大坝的最后一部分施工。

大坝建造使用的是来自 9.6 千米以外的叶尔金采石场的砂岩块。大坝长约 110 米，是一个弯度不大的曲面，高 18.25 米，坝基 8.25 米厚。大坝的建造并没有使用灰浆或水泥，而是采用了与石拱相同的原理。巨大的石块被堆砌成一个巨大的拱形，被大坝挡住的水反过来施压在大坝上，从而将精确切割的石块挤压在了一起。大坝的地基深入到河床内 2.5 米，并在水下额外建造了一个由碎石和泥浆组成的 38.7 米的斜坡，这个斜坡一直延伸到上游以减弱水流对大坝的压力。

在施工的最高峰时期有大约 260 人在工地工作，其中 40 名石匠，他们切割和修整开采来的砂岩。1828 年灾难降临，数十人死于疟疾，还有许多人丧失了几个月的工作能力。而后每年夏天疟疾都会复发，只不过没有第一次那么严重。

大坝建成后，湍急流水的体积大大减少了。此外还建造了一个可

调导流坝用于负责湖的水位。由于它的形态，这座大坝又被称为“低语大坝”，这是因为如果一个人站在坝顶的一端说话，站在坝顶另一端的人可以清楚听到。

今天看到的瀑布大坝——它新颖的设计很显然经受住了时间的考验。作为意想不到的副产品，南面坝基的肥沃土壤保护着一个独特的植物群落，同时大坝的渗水也滋润着这个群落。

丹尼斯·纳扎连科 / 维基共享

76. 纽约至哈莱姆有轨线路

约翰·斯蒂芬森 ——纽约，美国 ——1832年

纽约至哈莱姆有轨线路是世界上第一条街道铁轨，它影响了世界各地公共交通的发展。

18世纪的创新发明带来了技术上的重大变革，同时社会组织结构也在产生着同样巨大甚至更为深刻的改变，城市化的趋势越来越明显。在工业时代之前大城市就存在了，但是大部分人口仍集中在乡村，他们的生活由农业生产的年度周期变化而决定。工厂需要在一个社区中聚集大量的劳动力，而发展交通对于运输劳动力和他们所需要的食物都至关重要。

世界上的第一条街道铁轨是爱尔兰出生的约翰·斯蒂芬森（1809—1893）设计的，建造在纽约曼哈顿岛的东侧。纽约至哈莱姆铁轨旨在连接纽约城和哈莱姆，最初建造于1831年4月25日。线路的第一段在1832年11月26日开通，它沿鲍里街从普林斯大街向北一直到达第14街。在随后的20年里，线路不断向南北两端延伸，最终从百老汇大街一直延伸到了查塔姆四角酒店。最初这条线路是由马拉车，到1837年公司在第23街以北开始使用蒸汽机车。然而，1854年颁布了使用蒸汽机的限制后，马拉车又在第42街以南开始使用。

19世纪中期到晚期，随着马拉有轨车的发展，技术也在不断提高。槽型轨道和凸缘车轮被采用，轨道也融入了常规路面，道路的所有使用者都可以更平稳地在路面上行驶。这张摄于1880年的照片中是大中心仓库在1871年落成时的样子（现存的结构建于1903到1913年）。它的前面是马拉街车。

纽约公共图书馆数字馆藏

另一位美国人乔治·弗朗西斯·崔恩（1829—1904）将铺设街头有轨车的理念带到了英国。他的试运行线路设在默西赛德郡的伯肯黑德，于1860年8月30日投入服务。随后他又在伦敦铺设了

纽约至哈莱姆铁轨在1832年开通，被广泛地认为是世界上第一条街头有轨线路。铁轨相对粗糙，有一个L形的截面，轨道上的轮子不同于传统的铁路车辆，是没有凸缘的。

巴里·克罗斯收藏/在线交通档案

三条线路，第一条从大理石拱门到波特切斯特露台于1861年3月23日开通。所有线路都是马车服务。虽然他的服务比已有的马车巴士要更受欢迎，但是由于铺设的铁轨要突出公路面，为其他的道路使用者带来了问题。因此这些早期的先锋线路和另一条1862年到1865年在达灵顿运行的线路都只存在了很短的时间。

尽管19世纪60年代末的英国就有一些发起人寻求和获得私有法案的许可建造有轨车，但是直到1870年的有轨车法案通过，允许广泛铺设有轨线路的框架才建立起来。

虽然大部分马拉有轨车已经消失了一个多世纪了，但是还有一个地方可以让我们体验下，在马恩岛上的道格拉斯拥有世界上最后一条商业运营的马拉有轨车。

1900年，第42街上位于第五大道和第六大道之间的马拉有轨铁路。

纽约公共图书馆电子馆藏

77. 伦敦至格林尼治铁路

伦敦，英格兰 ——1836 年

伦敦至格林尼治铁路线拥有很多个第一：第一条为伦敦提供客运服务的铁路，世界上第一条高架铁路，第一条设有控制路口信号灯的铁路。

从泰晤士河向东看到的迷人全景，图中是第一个服务于伦敦的湿码头。特别值得注意的是图中的铁路高架桥，这是最早为伦敦服务的高架桥。泰晤士河北岸是伦敦至布莱克沃尔线，南岸的伦敦至格林尼治线延伸到格林尼治。克里斯托弗·雷恩爵士的皇家海军学院在图中分外突出。伦敦至克罗伊登线和伦敦至格林尼治线在图画的前半部交汇。

韦尔科姆收藏馆

伦敦至格林尼治铁路是第一条在伦敦服务的铁路，也是一条在很多方面都称得上是先驱的铁路。最早提出建造这条铁路的是英国皇家工程师乔治·托马斯·兰德曼（1779—1854）上校和企业家与早期铁路支持者乔治·沃尔特（1790—1854）。为了建造这条铁路在1831年11月25日成立了一家公司，1833年5月17日议会依据弗朗西斯·约翰·威廉·托马斯·贾尔斯（1787—1847）在1832年的调查授权修建铁路的法案。

伦敦至格林尼治铁路是第一条以客运为主的铁路，它的终点站设在陶利街——后来改名为伦敦桥——旨在为乘客提供一个从格林尼治到伦敦城的线路。

为了避免平面交叉，新的铁路设计成了高架线路。这种铁路搭建在单拱桥上的设计早在一个世纪多前的坦菲尔德铁路上的柯西拱桥就实现了。这座桥在1725年到1726年由拉尔夫·伍德建造。新铁路建在一座包括878个砖拱，总长6千米的高架桥上，他的主承包商是休·麦金托什（1768—1840），后来他还成为了布鲁内尔西部大铁路的承包商之一。

1836年2月8日铁路的第一段从

伦敦至格林尼治线是最早在伦敦进行客运服务的线路。为了避免交叉路口铁路建设在了高架桥上。新线路的沿线建筑中就有柏梦塞大街上的圣詹姆斯大教堂。线路开通时，这座在 1829 年刚刚祝圣的大教堂也还是个相对比较新的建筑。

维基共享资源

德特福德（现在是英国最早的客运站）到斯帕路开通。1836 年 10 月延伸到了柏梦塞大街，同年 12 月 14 日延伸到陶利大街。从德特福德向东先是在 1838 年 12 月 24 日延长到格林尼治教堂街上的临时车站，随后在德特福德格瑞克大桥完工后，于 1840 年 4 月 12 日到达了格林尼治车站。虽然这条铁路的乘客不少，但是却没有取得最初发起人所希望的经济效益。不过桥下空间的出租也产生了一些额外收入。

伦敦至格林尼治铁路只是更为雄心勃勃的计划的一部分。这一计划要到晚些时候才完成，它的目的是提供一条经格雷夫森德到丹佛的铁路。当格林尼治向东经过伍尔威治的部分在 1878 年开通时，经过陶利大街的第二条铁路伦敦至克罗伊登线（1835 年 6 月 12 日法案授权）也开通了，这条铁路在柯贝茨巷与伦敦至格林尼治线相交。伦敦至克罗伊登线拥有铁路上的另一个第一，它在 1839 年 6 月 5 日开通时首次设立了用于控制路口的信号灯。信号灯是一个由交通警察操控的圆盘，如果圆盘上是白光（或晚上时是红光），驶向克罗伊登；如果只有圆盘的边可见（或晚上是白光），那么就是驶向格林尼治。

1878 年，东南铁路把原有线路向东延伸，将伦敦至格林尼治线原有的终点站改建成了一座中转站。原有车站由乔治 · 史密斯（1782—1869）设计，在 1840 年完工。而新的车站在设计上很大程度延续了原有车站的新威尼斯式的建筑风格，只是在原站基础上向东移了一些。照片中就是新的车站，现在被列为二类历史保护建筑。

汤姆 · 贝茨 / 维基共享

78. 电报

库克和惠特斯通 ——伦敦，英格兰 ——1838 年

最早的商用电报允许简单信息快速地传向远方，它最早被铁路操作员使用，用于沿着铁路线上下发送指令。

1837 年 5 月发明家、企业家威廉·福瑟吉尔·库克（1806—1879）与一位英国科学家和学者查尔斯·惠特斯通（1802—1875）联合研制并申请了电报系统的专利。这个电报系统通过电脉冲控制指针指向字母表中的字母，而这些字母代表了编码。根据字符和编码的要求，使用针的数量可多可少。

1837 年 7 月 25 日，在尤思顿和卡姆登镇段为新开通的伦敦至伯明翰的铁路负责人演示了四针系统。发出的信号的内容：一些车厢已经准备就绪，可以准备牵引爬上两站之间的斜坡了。但是，电报这项发明并没有被马上采用。

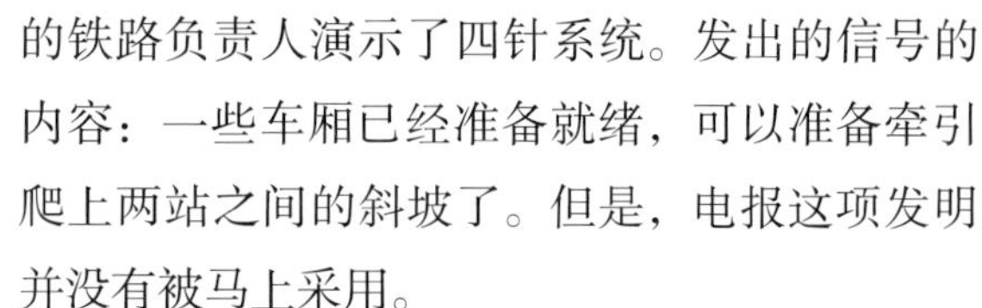

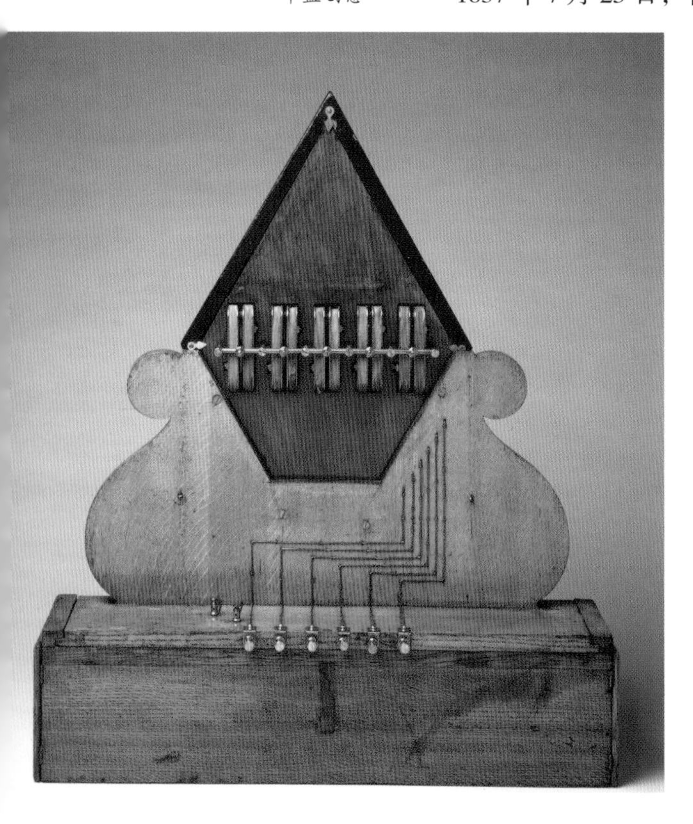

这是查尔斯·惠特斯通和威廉·福瑟吉尔·库克 1837 年申请的电报专利的背面。整个系统使用一个由 20 个字母组成的菱形网格（剩下的六个字母要在电报中略去），五根针安装在中间。任何两根针向左或向右的偏斜都指向一个特定的字母。

华盖创意

第一个成功投入商业用途的电报是五针六线系统。1838 年，它被安装在了大西部铁路，跨越 21 千米，连接帕丁顿站和西德雷顿。最初的电缆是通过钢管埋在了地下，但是由于环境不适宜，这些钢管很快就被腐蚀了，取而代之的是悬挂在电线杆间的无绝缘的电线。到 1843 年，这些电报线被延长至伯克希尔郡的斯劳时，已经换成了一针两线的电报系统。

电报发送电子脉冲到一个菱形网格上，这里一对对的指针指向字母。电线的数目与指针的数目相对应，而指针的数量又决定了可以编码的字符的数目。早期的电报模型使用五根电

威廉·福瑟特吉尔·库克（左）和查尔斯·惠特斯通都是发明家，他们以欧洲电报先驱工作为基础，申请实用电报系统的专利。

磁针。通过通电绕阻产生的电磁感应使得电磁针轻微的左右转动。发报员将通过线圈与电池正负极相连的成对按钮接通。在接收端，电线都是共用的，电流激发同一对针，然后指向相关的字母。

到了 1867 年，电报系统加入了第六根电线，这样数字可以加入到电报中。很快，复杂代码（比如“停”）出现在了铁路操作控制系统中。

随着技术的进步，所有从伦敦出发的新修铁路都安装了电报。布莱克沃尔隧道铁路在 1840 年开通时配备了库克至惠特斯通电报，其他的铁路则在遍布全国的地方安装了电报。

要高效地运行铁路，火车必须按照时间表运行，这在电报出现前几乎是不可能的。因为全国各地依据日出日落时间，按照自己的时间运行。电报的出现确立了格林尼治平均时间，也使得新闻可以快速和广泛的传播。事实上，铁路并不是唯一从电报中获益的。1845 年，一封从斯劳发到帕丁顿的电报要求在杀人嫌疑犯约翰·塔维尔下车后对其实施逮捕。这件事情在当时引起了轰动，也让普通大众认识到了电报的神奇。

79. “大西方号”

伊桑巴德 · 金德姆 · 布鲁内尔 ——布里斯托尔，英格兰 ——1838 年

“大西方号”是一艘橡木船体的桨轮蒸汽轮船，为了横跨大西洋而设计。从 1837 年到 1839 年，它是世界上最大的客船，它的出现促进了航海领域的巨大变化。

在19 世纪 30 年代中期，人们迫切地希望有一项高效的跨大西洋航运服务连接布里斯托尔和纽约。尽管很多人认为大型船舶不会发挥很大的效用，但是伊桑巴德 · 金德姆 · 布鲁内尔（1806—1859）却发现事实并非如此。他的计算表明船只承载的货物与体积成正比，而所受的阻力与面积成正比。也就是说，大型船只的燃油消耗更有效，这对于长途航行至关重要。

这幅版画描绘了橡木船身的蒸汽轮船“大西方号”在船长詹姆斯 · 霍斯肯上尉的指挥下“从布里斯托尔出发驶向纽约”。1837 年到 1839 年，“大西方号”是世界上最大的客船，建造的目的是跨越大西洋，连通英国和美国。

纽约公共图书馆数字馆藏

1836 年布鲁内尔和一群朋友成立了大西部蒸汽船公司提供横跨大西洋的服务。他们建造的第一艘船是“大西方号”，这是一艘侧轮轮桨蒸汽船，船体由铁箍加固的橡木制成。它有四根可以安装辅助船帆的桅杆，这些船帆不但可以为船直线航行时提供额外的推动力，还可以在海面波涛汹涌时帮助稳定船体。它存在的问题是如果一个船桨露出水面，不但影响船的航行，还会给发动机增加额外的压力。

由布里斯托尔的帕特松和美世公司建造的“大西方号”在 1837 年 7 月 19 日下水。它从布里斯托尔航行到伦敦，在那里安装了两个由莫莱斯家族和菲尔德公司制造的侧杆蒸汽发动机。这种蒸汽机在当时非常强大，总共可以产生 750 马力。

刚下水航行时，它是当时最大的蒸汽轮船，但是一年后，这个称号就被对手“英国女王号”夺得了。“大西方号”共执行过 45 次往来布里斯托尔和纽约之间的航行，直到 1843 年它还可以打破纪录获得蓝丝带奖。但是“大西方号”的横跨大西洋航行只进行了 8 年，1847 年因为所有者的破产它被卖给了皇家邮政公司，用于往返西印度群岛的航线。而后它又在克里米亚战争期间作为战舰。1856 年，它被遗弃在伦敦泰晤士河边的米尔班克城堡的庭院里。

80. 硫化橡胶

查尔斯·古德伊尔 ——沃本，美国 ——1839 年

19 世纪中期，由于橡胶在高温和低温下的固有缺点，橡胶业濒临死亡。查尔斯·古德伊尔的橡胶硫化法一夜之间彻底改变了这一切。

橡胶是由橡胶树产生的树液乳胶制成的，这早就为南美土著居民所知。尽管几百年来橡胶在奥尔梅克和阿兹台克文化中得到了广泛的使用，但是它的自然特性存在致命的缺点。在过热（会融化）或过冷（会开裂）的环境下橡胶非常不稳定。很多投资者都把财富押在了橡胶行业，但是当橡胶的不稳定性被广为人知后，这个行业就变得岌岌可危了。

查尔斯·古德伊尔（1800—1860）发现了橡胶的这些缺点后就迷上了寻找解决方案。他开始了一系列漫长的实验，导致他的家庭负债累累。他为了得到研究经费的支持频繁地搬家，在家中或监狱中，他花费无数的时间进行混合物的实验，试图找到这个看似毫无希望的问题的解决方法。他提出了很多方案但是都因为这样或那样的原因以失败告终。

在查尔斯·古德伊尔发明橡胶硫化技术之前，一些产品的价格昂贵；另一些产品的生产则是根本不可能的。这张摄于古德伊尔工厂内部的照片就包括这样的产品，图中是一艘船和一些浮桥。

议会图书馆

直到在马萨诸塞州沃本的伊格尔印度橡胶公司工作时，古德伊尔的研究才有了突破。一

天他意外地将硫掉进了热锅里的橡胶中——橡胶硫化法诞生了。然后，他花了很多年确保整个过程是正确的，最后终于在1844年获得了专利。古德伊尔的专利拯救了濒临死亡的橡胶业，形形色色的新产品由此诞生，比如救生衣、汽车轮胎、带橡皮的铅笔、手套和橡皮球。橡胶硫化法后来又授权给了其他制造商，从而带来了大量的财富。不幸的是，尽管取得了如此大的成功，古德伊尔却在一次又一次的侵权诉讼中消耗了远大于自身财产的金钱。1860年，59岁的古德伊尔去世时已经债台高筑。

W.G. 杰克曼绘制的查尔斯·古德伊尔版画肖像。由于一位英国发明家将古德伊尔的想法在英国申请了专利，而他在法国的专利由于技术性细则又被取消了，导致古德伊尔的经济状况很糟糕。

议会图书馆

81. 脚踏自行车

柯克帕特里克·麦克米伦 ——邓弗里斯，苏格兰 ——1839 年

自行车的起源可以追溯到几个世纪以前，但是机械驱动的版本直到 1839 年才出现。从那时起，自行车运动经历了很多起起伏伏，如今仍旧一如既往地受人们的欢迎。

到底是谁发明了自行车恐怕永远都是一个有争议的话题。文献记载最早提出自行车概念的可能是 17 世纪末的罗伯特·胡克（1635—1703），据说他乘坐一种带轮子的交通工具在伦敦街道上飞奔。第一个完整记录的现代自行车的前身是德国的德雷辛（一种老式脚踏车），可以追溯到 1817 年。但是这种车型非常粗糙，需要脚在地面上不断移动来驱动。不过，还是吸引了不少人来仿制它，人们称之为“玩具木马”。第一辆真正意义的由旋转脚踏板驱动的自行车很可能是由苏格兰铁匠柯克帕特里克·麦克米伦（1812—1878）在 1839 年制成的。当然，具体的细节仍旧很模糊，不过通常认为他就是自行车的发明者。

据说他的自行车由木头制成，轮子带有铁框。前面的轮子可以操控方向，后面的轮子很大通过连接杆由脚踏板驱动。这种自行车很重，脚踏板靠前，通过前后往复运动来控制。

在邓弗里斯和加洛韦的潘庞市凯尔米尔的考特希尔史密斯设立的纪念柯克帕特里克·麦克米伦的牌匾。

罗瑟 1954/ 维基共享

1842 年，格拉斯哥的一家报纸报道了一个“设计新颖独特的脚踏车”撞到一个行人，骑车人因为造成这起事故被罚了 5 先令的事情。麦克米伦的一位后人约翰斯

顿声称麦克米伦就是报上所说的骑车人，尽管这是不是真的也不清楚。

麦克米伦从没有为自己的设计申请专利。1846 年，一位来自苏格兰拉纳克郡莱斯马哈格的发明家加文·达泽尔很大程度复制了麦克米伦的设计，以至于很长时间人们认为他才是自行车的发明者。不过这段时间，麦克米伦的名字又被提了出来，他现在正享受“自行车发明者”的称号。

第一辆真正意义的由脚踏板驱动的自行车很可能是由苏格兰铁匠柯克帕特里克·麦克米伦在 1839 年制造的。据说图中的自行车是 20 年后依据他的设计制造的复制品。它有一个很大的后轮用来弥补传动的不足。

华盖创意

82. 蒸汽锤

弗朗索瓦·鲍登/詹姆斯·内史密斯 ——法国，苏格兰 ——1840年

蒸汽锤的发明是为了解决工程上的一个重要难题：如何制造体积日益增大的机器。它的出现有效而廉价地解决了这个问题。

詹姆斯·霍尔·内史密斯（1808—1890）是一位苏格兰工程师和发明家。一位参与建造布鲁内尔的"大不列颠号"（见第178页，86."大不列颠号"）的工程师告诉他缺少一个足够大的用于锻造桨轴的锤子。当时，"大不列颠号"的设计是要用桨来驱动的，因此需要适合尺寸的驱动轴。内史密斯对这个问题很感兴趣，1839年11月24日，他在自己的速写本上画下了一个蒸汽锤。但是对大锤子的需求很快就消失了，因为布鲁内尔发现了螺旋推进器的优势，于是制造大锤子的想法和船桨驱动一起被抛诸脑后。

大约在同一时间，法国工程师弗朗索瓦·鲍登也在研究相同问题。

工作中的蒸汽锤，由它的发明者詹姆斯·内史密斯绘制。蒸汽锤不但可以用于生产比以前大得多的产品，而且极大地降低了生产成本。因此它取得了巨大的商业成功，行销世界各地。

华盖创意

1840 年他在勒克鲁佐的施耐德公司的工厂制造了世界上第一台可工作的蒸汽锤。重达 2500 千克，这个庞大的机器可以将锤子提高到 2 米。1842 年内史密斯看到了工作中的蒸汽锤，于是他回到家乡为自己的设计申请了专利，并制造出了自己的蒸汽锤。不出所料，两个人随后就谁对这个发明拥有优先权而发起了争论。

撇开发明人之间的不愉快，蒸汽锤本身却取得了商业上的成功。它不但使得生产大部件成为可能，而且还提升了质量，降低了一半以上的成本。蒸汽锤的特点之一是锤击力是可以精确控制的，这使得这个操作过程更精准。特别是锻造船锚这样的大部件更加有效，因为再不需要先锻造小的零件再焊接拼成大零件了。很快，内史密斯的蒸汽锤就在英国的工厂推广开来，到了 1856 年令人不可置信的生产了 490 台蒸汽锤，它们被运送到了欧洲大陆，甚至俄罗斯的客户手中；此外，在欧洲以外的印度和澳大利亚也有销量。

83. 螺旋桩灯塔

亚历山大 · 米切尔　——兰开夏郡，英格兰　——1840—1841 年

螺旋桩灯塔的设计使得它可以建造在沙子或泥浆等软的流动性的地基上。它们真的就是被拧进河床或海床的。

螺旋桩灯塔是爱尔兰盲人工程师亚历山大 · 米切尔（1780—1868）的灵感。这种灯塔利用宽叶螺钉将塔桩牢牢地固定在深海或河床上。它们不需要高于涨潮时的水位，因为它们只用于河中的三角洲地区，所以警示灯不需要传递很远距离。1833 年，亚历山大 · 米切尔和他的儿子为他们的锻铁螺旋桩灯塔申请了专利。

1838 年，第一座螺旋桩灯塔在泰晤士河河口污秽岛北岸危险的泥滩上建造。它由领港公会灯塔顾问工程师詹姆斯 · 沃克设计，采用了米切尔螺旋桩灯塔的概念。

这座灯塔被称为马普林金沙灯塔，它有 9 个螺旋桩，一个在中间，另外 8 个在四周，铸铁柱交叉成网格用于支持。在它的上面是一个木制的八边形平台，为一个主要管理员两个助理提供住处，包括一间共

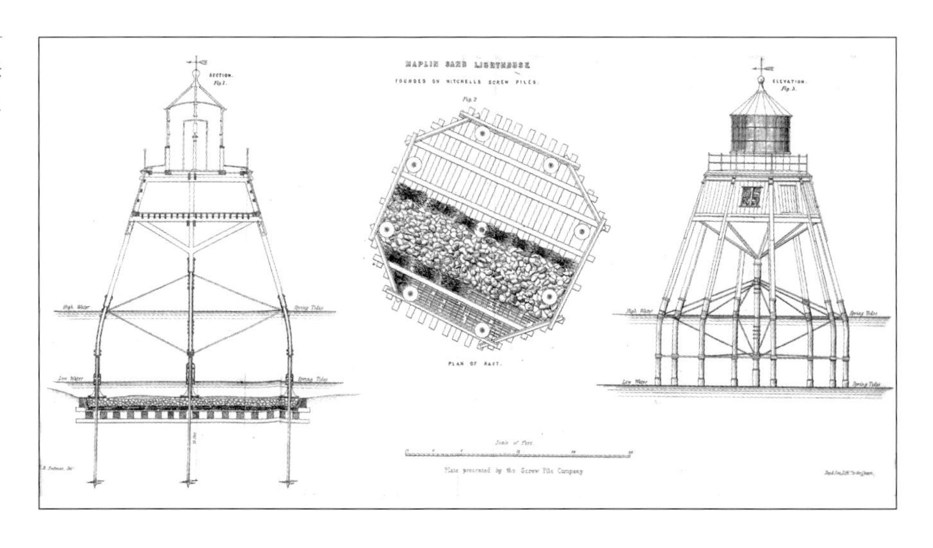

马普林金沙灯塔示意图。　维基共享

用的卧室、一间客厅、一间厨房盥洗室和一间储藏室。在住所的上面是一个明亮的闪红灯的灯塔，高 21 米。它的固定灯高 11 米，可见距离 16 千米。灯塔的一侧还有一个旗杆，在面对大海的一侧有一个 136 千克的大雾警钟，在大雾期间每 10 秒会发出一次警告。灯塔在 1841 年亮灯，但是泰晤士河无情的潮汐和水流最终破坏了灯塔，1932 年灯塔被冲走了。

尽管马普林金沙灯塔是第一个开始建造的，但是它并不是第一个投入使用的螺旋桩灯塔。1840 年，兰开夏郡莫坎贝湾边上弗利特伍德的怀尔之光首先点亮。怀尔之光距离海岸 3.7 千米，坐落在北码头岸上，这里的一排沙洲标志着进入怀尔河口的弗利特伍德海峡。虽然在马普林金沙灯塔之后开工，但是它的建造速度更快，所以亮灯更早。这个灯塔也是米切尔设计并由他的公司建造的。

灯塔由 7 根锻铁柱组成，其中 1 个中心柱，周围 6 个柱子支撑起一个六角形的平台。每根柱子长 4.8 米，由一个直径为 1 米的螺旋底座嵌入沙子中。平面上是一个供灯塔看守人居住的二层建筑。六边形的主屋直径 6.7 米，高 2.7 米，被分成了带壁炉的起居室和卧室两部分。

灯塔的建造从 1839 年开始，1840 年 6 月 6 日完成亮灯。它比涨潮时水面高 9.4 米，可视 12.8 千米。配备的雾中警铃可以在 3.2 千米以内听到。遗憾的是，灯塔在 1948 年遭遇火灾，之后也没有被修复。

螺旋桩灯塔在世界各地都很受欢迎，特别是在侵蚀和流沙给传统灯塔结构带来问题的时候。（上图）沙基灯塔，建造在一个间歇性被沙子覆盖的礁石上，在 1853 年完工。直到 2015 年它仍旧在使用中，并且抵抗住了飓风。美国海军，詹姆斯·布鲁克斯。（下图）位于马里兰州安纳波利斯附近切萨皮克湾的托马斯角浅滩灯塔最早是用石头建造的，后来由于受到侵蚀改成了螺旋桩灯塔。1877 年投入使用，至今仍在使用，除了 1986 年的自动化改造外没有任何变化。

Shutterstock 图片网

84. 巴顿配水库

约翰·杰维斯和詹姆斯·伦威克 ——纽约，美国 ——1842 年

这是首个为整个城市提供清洁和安全的饮用水的水库。

巴顿配水库又名默里山水库坐落在曼哈顿第五大道和第六大道之间的第 40 街到第 42 街。它的功能是为 19 世纪的纽约人提供清洁而可靠的饮水。以前城市居民依靠储水箱、天然泉水、井水和收集的雨水。但是到了 19 世纪，纽约人口急速增长，现有的污染和不洁水源导致黄热病和霍乱等疾病的暴发。清洁可饮用水成为首要问题。此外，城市内不断发展的工业也需要大量的水才能正常运转。

巴顿配水库从韦斯特切斯特县北部的巴顿河湖引水。整个工程从 1837 年开始，历时 5 年完成。引水渠的起点是一系列总长 65 千米的地

巴顿配水库收集、储存和向纽约全市分配淡水。它的设计采用了壮观的埃及复兴风格，在上层的人行道可以看到城市的全景。

纽约公共图书馆数字馆藏／维基共享

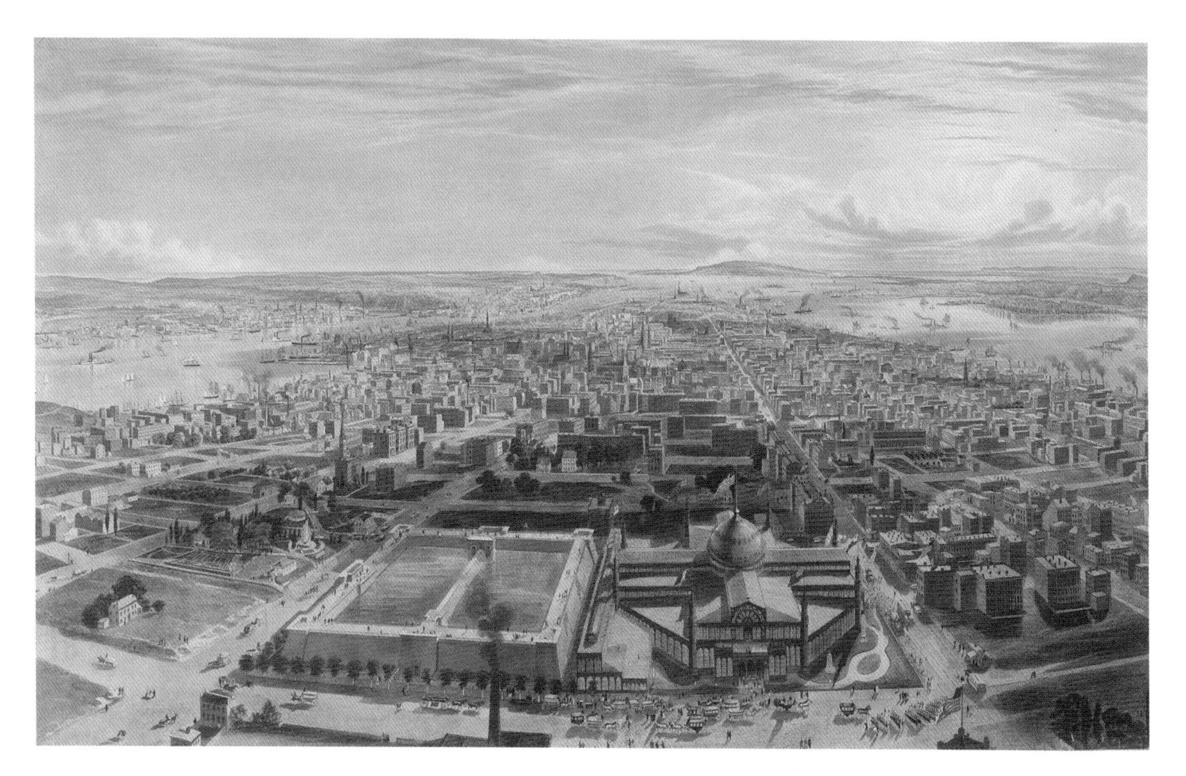

下铁管道，外面被砖砌包裹，一路流向纽约。它在第 173 大街使用高架桥横跨哈德逊河，然后下移到曼哈顿西部，流水从这里注入位于时称约克威尔地区的巴顿配水库。

1855 年的版画上展示了两个集水池以及水库顶部中央及四周宽阔的行人道。这个水库只使用了 35 年就过时了。

纽约公共图书馆数字馆藏 / 维基共享

这个宏伟的建筑由工程师约翰・杰维斯（1795—1885）和建筑师詹姆斯・伦威克（1815—1895）设计，采用了埃及复兴风格，当时记录的造价是 50 万美元。水库占地 1.62 公顷，花岗岩墙高 15.25 米，厚 7.5 米。由底部厚 5.8 米顶部厚 1.2 米的花岗岩墙分成两个集水池。水库长 550 米、宽 255 米，储水量 7500 万升。每天接收上百万升的水，并且通过总长 275 千米的管道网络将水分配到整个纽约市。

在周围用重型铁栏杆围起来一个宽 6.1 米的步行大道。在这里可以看到城市的壮丽景色以及长岛和新泽西的全景，因而成为很受欢迎的地方。1842 年 7 月 4 日约 20000 人见证了水库的开业。然而到了 1877 年，由于水库过时有人提议将它拆除。《纽约时报》（*The New York Times*）称它是“无用的、看上去令人生厌的和对社区有害的东西”。1897 年它被废弃而后很快被拆除了。

85. 达基空气铁路

萨姆达兄弟和塞缪尔·克莱格 ——都柏林，爱尔兰 ——1843 年

在蒸汽机还未成为铁路的主宰时，达基的空气铁路提供了一种替代的牵引方式，尽管这项技术的最广泛应用证明了布鲁内尔的一个失败。

尽管现在的历史记录表明蒸汽机在铁路时代的发展中占据主导地位，但是对于当时参与铁路早期发展的人们来说，蒸汽机的主导地位并不是不可动摇的。有一些先驱者就研究了其他的驱动方式，其中最有希望的是空气铁路。当时有些人担心蒸汽机车无法在大坡度上拖动列车，而空气铁路似乎提供了一个可行的替代方案。

开通于 1834 年的都柏林至金斯顿铁路是爱尔兰的第一条铁路。但是，要把线路延伸到仅仅三千米以外的达基需要爬一个坡度平均为 1∶100°（最陡处 1∶57）的陡坡。建造方决定使用雅克布·萨姆达（1811—1844）和他的兄弟约瑟夫·达吉拉尔·萨姆达（1813—1885）以及同事塞缪尔·克莱格（1781—1861）提出的空气运行原理，这是该原理第一次被使用。这项空气原理在 1838 年获得专利，主要构成是一个连续的铸铁管与一个由皮盖密封的槽相连。1840 年，这种机车在西伦敦长 800 米的铁路上进行了试运行，然后又使用了大约两年。

达基空气铁路由查尔斯·布莱克·维尼奥尔斯设计，威廉·达根（1799—1867）承包施工。空气动力设备由萨姆达兄弟和克莱格提供。铸铁管的直径是 380

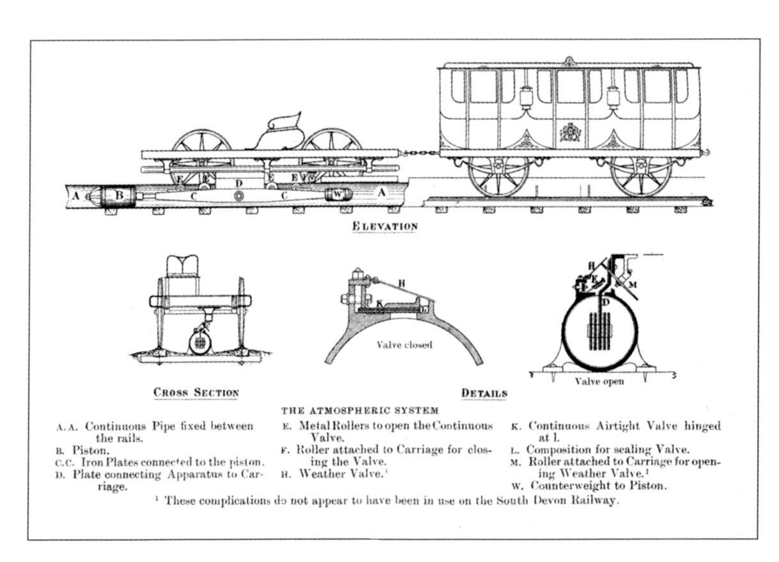

根据研究并目睹达基铁路的运行，伊桑巴德·金德姆·布鲁内尔决定将空气动力机制应用到南德文铁路从埃克塞特至普利茅斯的一段。这幅演示图出现在麦克德莫特的经典历史著作《大西部铁路》（*Great Western Railway*）中——介绍了空气铁路运行背后的原理。

作者收藏

毫米，并且只在上坡的线上安装，下坡则依赖重力。管道的真空由一个安装在达基的功率为100马力的蒸汽机提供，速度可以达到每小时74千米。铸铁管末端距离达基终点站512米，列车依靠惯性达到终点。

这条线路从1844年3月29日正式开通，而实际的运营是从1843年8月19日开始的。很多同时期的铁路工程师都来参观这条新铁路，其中最著名的要数伊桑巴德·金德姆·布鲁内尔。当时他正为建造南德文铁路，特别是牛顿阿伯特至普利茅斯之间的众多陡坡地区寻找方案。

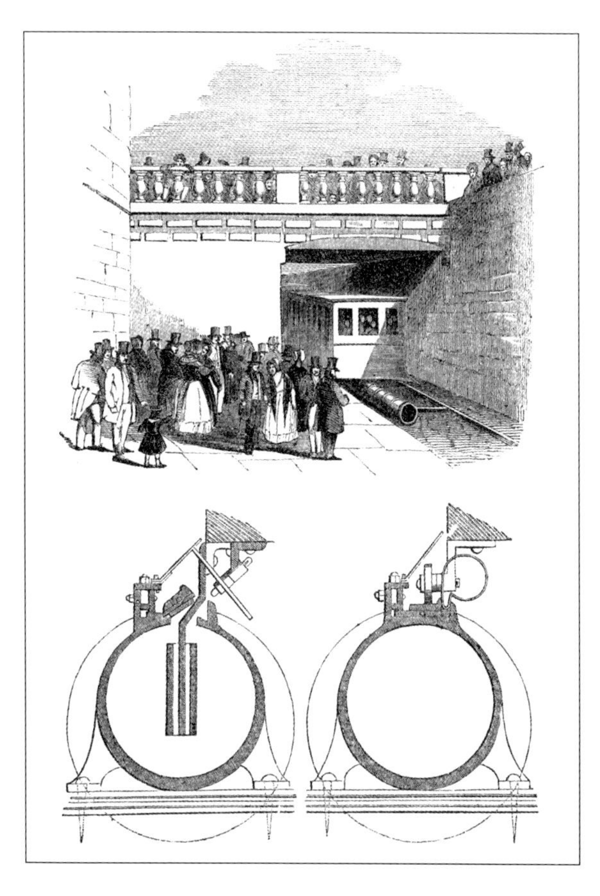

早期的铁路工程师不相信蒸汽机车可以提供足够的动力使得铁路能够在陡坡上运行。一个替代的方案是采用空气铁路。这项短命技术的第一次实际应用是在都柏林的达基空气铁路上。这条铁路仅运行了十年。

华盖创意

这次参观给布鲁内尔留下了深刻的印象，他决定将这种空气动力原理使用在南德文的铁路上，但是在1846年5月30日第一段从埃克塞特至泰恩茅斯的铁路通车时，南德文全线还没有全部安装空气动力装置。直到1847年9月13日，安装全新空气动力装置的铁路才第一次运行。但是在沿道利什海堤的铁路却出现了问题：沙子和海水对皮盖腐蚀的共同作用使得保持真空几乎成为不可能，使用空气动力装置的决定被最终否决了。这种新装置在1848年9月10日运行了最后一次。尽管牛顿阿伯特西通往托特尼斯的部分路段安装了空气动力装置，但是它们从来没有真正投入使用，因为实践证明新型的蒸汽机车完全可以适用于多陡坡的地区。

空气动力的机制在英格兰没有被采用多久，但是在爱尔兰的达基线却取得了成功。直到1854年4月12日这条线路被关闭以便将原有的4.85英尺改为爱尔兰标准的5.3英尺轨距，空气动力装置才被废弃了。

86. “大不列颠号”

伊桑巴德·金德姆·布鲁内尔 ——布里斯托尔，英格兰 ——1843 年

“大不列颠号”是另一艘为横跨大西洋提供服务而设计的船——它不但在 1843 年到 1854 年是长度最长的客运船，还是第一艘使用螺旋驱动从英国穿越大西洋前往美国的蒸汽铁船。

1843 年当伊桑巴德·金德姆·布鲁内尔的“大不列颠号”下水时，它是当时最大的船只。直到 1854 年它还是船体最长的客船。由威廉·帕特森（1795—1869）为大西部蒸汽船公司的跨大西洋运输服务建造，它往返于布里斯托尔和纽约之间，是第一艘横渡大西洋的安装螺旋传动的蒸汽铁船，曾经在 1845 年完成 14 天横跨大西洋的壮举。它配备有螺旋驱动系统和铁皮船体——同样也是第一艘这样做的大型海上船只——它船体长 98 米，排水量 3674 吨。它的驱动来自两个双缸直动发动机——缸直径 220 厘米，活塞冲程 1.83 米，功率 370 千瓦。它还有 5 根纵帆船桅杆和 1 根方帆桅杆提供额外动力。四层甲板，可容纳 120 名船员和 360 名乘客的船舱，此外还有餐厅和用于散步的长廊。在它服役的后期载客量增加到了 730 人，还可以承载 1200 吨货物。

这幅油画由理查德·鲍尔·斯宾塞绘制。画中是停泊在布伦瑞克码头的“大不列颠号”。布伦瑞克码头是伦敦至布莱克沃尔铁路公司在布莱克沃尔的终点站。船上升着英国皇家旗帜和美法两国国旗。很有可能在这幅画创作时有皇室成员正在船上访问。

国家海洋博物馆，格林尼治

现在的“大不列颠号”。经过全面修复后，停泊在布里斯托尔港口供公众参观。

马特巴克 / 维基共享

不幸的是，对于大西部蒸汽船公司来说，建造“大不列颠号”的成本简直就是天文数字，最初的造价是 7 万英镑，而最终的造价却高达 11.7 万英镑。这使得公司的财务陷入了困境，随后的一次导航失误导致“大不列颠号”在邓德拉姆湾搁浅，1846 年为了让它重新浮在水面的费用最终迫使公司关闭。1852 年，“大不列颠号”本来被售出用于打捞，但是经过整修成为了前往澳大利亚的客船，在随后的几年内运送了上千名乘客。非常反常的是，在 1881 年它被改成了帆船，三年后被派到福兰克群岛（即：马尔维纳斯群岛）。在 1937 年被击沉前“大不列颠号”做过仓库、检疫船和储煤船。命运似乎注定要将它留在福兰克群岛，直到一位英国商人杰克・哈瓦德捐资将它拖回了英国。被修复后，它成为了布里斯托尔城市码头一座特别建造的露天博物馆，对公众开放。

87. 莫尔斯电码

塞缪尔·莫尔斯 ——马萨诸塞州，美国 ——1844 年

由塞缪尔·莫尔斯（和通常被忽略的、他的合作者艾尔弗雷德·维尔）发明的简单的点和短线的电子系统实现了历史上第一次几乎是即时的长距离通信。

早期的远程通信需要马和信使，或者是直接的沿视线方向传递的信号（比如旗语）或者燃烧的灯塔。随着工业革命的发展以及对电的发现和利用，一种全新的通信方式成为可能，很多潜在的发明家也在试图找到一种简单有效的方法利用新技术实现快速通信。

首先由亚历山德罗·沃尔塔（1745—1827）发明了用于存储和控制电流的电池。随后汉斯·克里斯蒂安·奥斯特展示了磁力与电力是如何相结合的。在 1830 年代早期，一位富有才华而且十分成功的肖像画家塞缪尔·莫尔斯（1791—1872）成为了大西洋两岸众多发明家的一员，为找到更好的通信方式而努力。而正是他在电磁实验中发现了突破口。与伦纳德·盖尔教授（1800—1883）和艾尔弗雷德·维尔（1807—1859）的合作使他最终设计出一种单电路的电报，可以通过电线将电信号传到另一端的接收器。通过电线发送的消息是一系列的电子脉冲——长和短，也就是短线和点。破折号和点的特殊组合对应字母，结合在一起构成文字。

塞缪尔·莫尔斯的照片。他最初作为一名画家成名，而后他投身到对电报的研究中，这源于他妻子的早逝。莫尔斯正在华盛顿为在美国联邦的 24 个州进行巡演的内战英雄拉斐特画肖像时，他的妻子生病了。他还没有赶回在纽黑文的家，妻子就已经病故并且下葬了。妻子的迅速去世使得他开始研究长距离通信的方式。

议会图书馆

早期的莫尔斯码发报机。操作员很快掌握了发出和读取信号的方法，为了使得信号更清晰，机器的敲击声被设计的很响。 华盖创意

莫尔斯的电报需要一段电线，一排支撑电线的电线杆，一个电键，以及发送和接受两端的电池、接收器和操作员。1843 年，在美国国会演示了他们的电报设备后，莫尔斯和维尔获得了 3 万美元的款项，在华盛顿特区和马里兰州的巴尔的摩之间搭设一条长 60 千米的电报实验线路。1844 年 5 月 24 日，他们发出了第一条信息“上帝之功劳！”很快，电报就在美国和欧洲各地使用起来。

早期的莫尔斯码信息被接收员以符号的形式记录在纸上，然后再把它们翻译成字母和文字。很快操作员熟练掌握了操作技术，不需要解码就可以很容易地辨别出字母，为了便于理解信号，机器的点击声也被设计得更显著。

莫尔斯在 1847 年获得了电报专利权，随后他就被卷入了来自竞争对手和投资者的多个法律诉讼中。1854 年，美国最高法院在奥雷利与莫尔斯的案件中裁决莫尔斯为第一个开发出可行电报的人。

1866 年跨大西洋电缆的搭建（见第 202 页，98. 跨大西洋电缆）使得美国与欧洲可以通过使用莫尔斯代码快速通信。

88. 伊莱亚斯缝纫机

伊莱亚斯·豪 ——剑桥，美国 ——1844 年

伊莱亚斯缝纫机是第一个使用锁线针迹的。从此，制衣、制鞋和其他纺织工业都可以快速而经济地进行批量生产。这项发明在全世界创作了数百万个新的就业机会。

伊莱亚斯·豪（1819—1867）的职业生涯是从一家马萨诸塞州纺织厂的学徒工开始的。那时其他人已经设计甚至申请了缝纫机的专利，但是他们都使用的是链式针迹法，每一针都在布的后面与前一针扣在一起。这种方法只用一根线缝制，如果线的某个地方断开，整个线都会脱落。还没有一个人能够成功解决如何将织物永久的缝在一起这个最基本的问题。

在伊莱亚斯缝纫机出现前已经有很多缝纫机的版本，但是伊莱亚斯是第一个使用锁线针迹的——使用两根线，一条在布的上面，一条在下面。

纽约公共图书馆数字馆藏／维基共享

伊莱亚斯的突破在于找到了锁线的方法，这样缝线就不会脱落。这种方法被称为锁线针迹，采用两根线，一根在织物的上面，另一根在织物的下面和一根针尖而不是针尾带针眼的针。当针穿过织物时，一个梭子带着底线穿过面线的线环，将面线抓住。当针返回时，线环被拉紧，形成一行整齐的针迹，即使线的某个部分断了，也不会导致整个缝线的脱落。这个简单而有效的方法的实现要归功于伊莱亚斯的三项创新——自动送布器、针尖带针眼的针（之前的针眼都是在针尾，与手缝用针一样）和织物下的梭机，用于抓住面线的线圈形

在康涅狄格州布里奇波特的伊莱亚斯缝纫机厂。这张立体照片摄于1870年代。

纽约公共图书馆数字馆藏/维基共享

成锁形针迹。

在测试中，手工每分钟可以缝23针，而伊莱亚斯的缝纫机可以缝640针。一件印花棉布裙手工制作需要大约6.5个小时，用机器只需要不到1小时。制衣业发生了彻底的改变。

1846年9月伊莱亚斯·豪在美国申请了专利，专利的名称是“使用两种不同来源的线的工艺”。随后他几乎马上卷入了漫长的法律诉讼，在1849年到1854年他起诉了艾萨克·梅里特·辛格和另一位发明家沃尔特·亨特肆无忌惮的生产一种和他的发明非常相似的锁线缝纫机。伊莱亚斯最终赢得了官司，辛格不得不将艾萨克·梅里特·辛格有限公司的一部分利润分给他，并且要付可观的专利费，同样，其他的仿冒商也要如此。从那时起伊莱亚斯向其他制造商发放使用他的专利的许可证。1856年伊莱亚斯通过专利组合向每台在美国售出的缝纫机收取5美元的专利费。这使得伊莱亚斯成为一个非常富有的人。

1863年，伊莱亚斯将手摇缝纫机改进为脚踏式。他的缝纫机对轻工业和家庭都经济实用。

伊莱亚斯·豪在1851年还申请了一项拉链的专利，但是他并没有做进一步的改进。直到20世纪初吉德昂·逊德巴克才完善了拉链的设计。

议会图书馆

89. 皇家阿尔伯特码头

杰西·哈特利和菲利普·哈德威克 ——利物浦，英格兰 ——1845年

利物浦阿尔伯特码头的建成标志着维多利亚时期码头发展的巅峰，这里建成了世界上首个防火仓库，还第一次使用了液压起重机。

19世纪的英国，随着原材料进口和制成品出口贸易量的上升，利物浦的湿码头数量也在不断地增长。这些建成的码头中就有阿尔伯特码头。

1824年到1860年决定利物浦码头发展的关键人物是码头地产的管理人杰西·哈特利（1784—1860），他起草了将码头和仓库合并的初步计划。第一个实施这一计划的码头是1828年开放的伦敦圣凯瑟琳码头。在这里船只直接从仓库中装卸货物，减少了偷窃这个出现在码头和港口的严重问题。

其实，哈特利对利物浦的宏伟计划远不止如此。哈特利与菲利

1841年在议会法案的授权下，杰西·哈特利和建筑师菲利普·哈德威克对阿尔伯特码头进行合作开发。经过构思和设计，为了建造尽可能防火的仓库，使用了砖、石料和铸铁作为材料。这种结构的显著特点是巨大的铸铁柱。

彼得·沃勒

普·哈德威克（1792—1870，他是作为备受怀念的伦敦尤思顿拱门的建筑设计师）合作，强烈希望建造出尽可能防火的仓库。在测试过很多结构后，他决定使用砖、铸铁、花岗岩和砂岩来建造仓库。结果是，他建成了英国第一座没有木制结构的建筑，也是世界上第一座不燃仓库。

1841年，获得皇家批准建立阿尔伯特码头的法案后，工程开始了。1846年，尽管码头没有全部完工，但是仍旧在阿尔伯特亲王的主持下举行了正式的开通典礼。仓库设计中不可或缺的是巨大的铸铁柱，它们高4.5米，周长4米。新仓库是世界上第一个使用液压起重机的（见第186页，90. 液压起重机）仓库。码头封闭性的特点保证了装卸货的安全，意味着阿尔伯特码头曾经用于高价商品贸易，比如烟草、丝绸和白兰地。但是它的繁荣时期是相对短暂的。

码头设计中的一个因素是尽可能的安全，以减少偷窃。

彼得·沃勒

码头是针对最大负载为1000吨的帆船设计的，更大的船只不可能经过狭窄的入口到达码头。19世纪末，帆船被蒸汽船所取代，船只的大小也显著增加。到了20世纪20年代，对码头本身的商业使用几乎停止，不过仓库仍旧被频繁地使用，用于存储向内陆运输的物资。

第二次世界大战期间的损毁和码头所有者默西码头和港务局的财务问题导致仓库在1972年被关闭。尽管仓库建筑群已经在1952年被列为一类历史保护建筑，但是关闭后的码头和仓库似乎不再有未来可言，起初的重新开发计划也毫无结果。直到1981年成立了默西畔发展公司才为这片建筑群带来了新生。现在，阿尔伯特码头是泰特利物浦美术馆和默西畔海事博物馆的所在地，是利物浦河滨地区主要的旅游景点之一。

90. 液压起重机

威廉·阿姆斯特朗 ——纽卡斯尔，英格兰 ——1846 年

液压起重机利用水动力在降低成本的情况下提供了更快更强的吊起重物的能力。它一经发明就广受欢迎，特别是修船厂和铁路，到 1900 年阿姆斯特朗的公司平均每年生产 100 台液压起重机。

液压起重机的灵感来源于英国工业家威廉·乔治·阿姆斯特朗（1810—1900）的钓鱼经历。他一边钓鱼一边观察大理石采石场的水车。他被水车明显的低效率而触动，于是设计了一种由水驱动的旋转发动机。这个设计没有引起人们多少兴趣，于是他又设计了一种带活塞的发动机。受到发动机性能的鼓舞，他四下寻找可以使用发动机作为驱动力的东西，于是液压起重机诞生了。

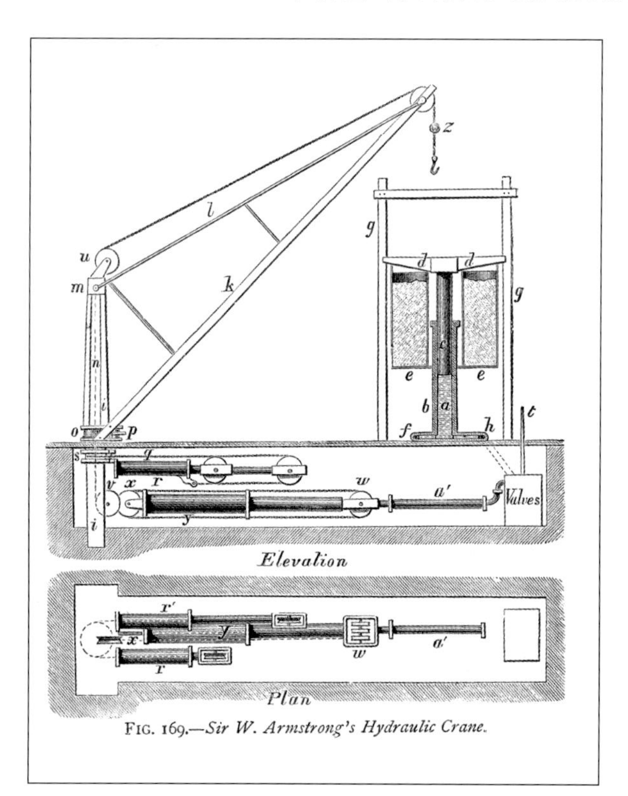

FIG. 169.—*Sir W. Armstrong's Hydraulic Crane.*

威廉·阿姆斯特朗爵士设计的液压起重机主要部件的立面图和平面图。

纽卡斯尔市计划将远处蓄水池的水输送到市内房屋中，阿姆斯特朗也参与了这项规划。他意识到这个过程会产生多余的水压，于是提议在码头边建造一个液压起重机。他提出使用这种起重机比传统起重机从船上卸货更快也更廉价。经过一些讨论，公司同意了他的建议。液压起重机的表现非常出色以至于公司决定再增加三台。阿姆斯特朗意识到这是一个巨大的商机，于是他辞去了律师职务，成立了 W.G. 阿姆斯特朗公司，并且在纽卡斯尔附近的埃尔斯维克河边购买了 22000 平方米的土地建造了一家工厂。

工厂建成开工没多久，他就开始向

爱丁堡和北部铁路以及利物浦码头（见第 184 页，89. 皇家阿尔伯特码头）提供液压起重机。他还接受了为格里姆斯比船坞生产控制船坞门的液压机械的订单。他的设备的功效一经传出，工厂就被大量的问询淹没了。1850 年，公司售出了 45 台液压起重机，到了 1852 年这个数字增加到了 75 台，从那以后直到 1900 年，公司平均每年的订单都在 100 台。他的公司也成为了当地重要的雇主之一，1850 年就有 300 名工人在现场工作。然而这仅仅是开始，到了 1863 年，员工已达 3800 人。

尽管起重机是阿姆斯特朗公司业务发展的主要动力，其实公司还接受制造桥梁订单。另外，阿姆斯特朗还找到了在水压不足时提供液压动力的方法。本质上讲，就是使用水塔，而后则是水压蓄力器。

仅存的阿姆斯特朗–米契尔液压起重机，于 1883 年到 1885 年安装在意大利威尼斯的阿萨尔。不幸的是，它急需修复，否则会有很大的坍塌危险。

91. 大不列颠桥

罗伯特·斯蒂芬森 ——梅奈海峡，威尔士 ——1846—1850 年

斯蒂芬森的大桥跨越梅奈海峡，是改善伦敦和都柏林之间相互沟通的重要环节，也证明了只要使用合理，锻铁可以用于重大的建设项目。

跨越梅奈海峡特尔福德设计的悬索桥（见第 140 页，67. 梅奈悬索桥）建成后，一代人过去了，又有一位工程师罗伯特·斯蒂芬森面临着类似的挑战，这一次他需要将切斯特至霍利海德铁路线从大陆连通到安格尔西岛。

与公路桥一样，斯蒂芬森设计的大桥在建筑结构上必须允许升满帆的海军战舰可以从海峡顺利通过。大不列颠桥之所以得名是因为它的中心石塔是矗立在海峡中央的不列颠尼亚岩石上，该桥的目的是提供安格尔西岛和大陆的双轨连接。

大不列颠桥为切斯特至霍利海德铁路跨越梅奈海峡而建，由罗伯特·斯蒂芬森设计，在 1846 年到 1850 年建造。这张照片摄于 19 世纪 60 年代，从安格尔西岛眺望梅奈海峡，显示了大桥建成之初的样子，每个桥头入口处都有狮子的雕像把守。

弗朗西斯·贝德福德 / 马乔里和伦纳德·弗农收藏，安纳伯格基金会礼物，从卡洛尔·费农和罗伯特·特尔宾征集 / 拉克马

斯蒂芬森的大桥存在了一个多世纪，直到 1970 年 5 月的一场大火破坏了它的原始结构。这张照片中，重建的桥板分两层，第二层铁路桥的上面增加了公路桥。

维基共享

桥由三个砖石建造的桥墩和海峡两岸的各一个石头造的坝肩构成。铁轨由两根平行的铁制管承载，这些铁管由锻铁制成，用铆钉连接。中心的两个桥面跨度是 140 米，两头的桥面是 70 米。整个桥的铁结构长 461 米，每个铁管重约 1500 吨。桥在规划时，最长的锻铁部件跨度为 9.6 米。

斯蒂芬森意识到他的设计是对材料极限性能的挑战，于是决定求助于威廉·费尔贝恩（1789—1874），这是一位杰出的工程师，曾经与斯蒂芬森的父亲一起工作。费尔贝恩又找到了伊顿·霍奇金森（1789—1861），在他二人的帮助下，斯蒂芬森的设计终于得到了科学支持。费尔贝恩给出了令人信服的结论：通过精心的设计，桁架不仅可以支持自身的重量，而更重要的是可以承载火车的重量。

1846 年 4 月 10 日是大桥开工建造的奠基日。1850 年 3 月 5 日，最后一颗铆钉恰恰被斯蒂芬森本人钉入。1850 年 10 月 21 日铁路运营正式开通。事实证明，费尔贝恩对桥梁结构做了充分的研究，尽管机车和火车的重量不断增加，大桥也一直完好无损。直到 1970 年 5 月 23 日的一场大火彻底削弱了锻造铁管。虽然石头建的桥墩还可以再使用，但是最初的管道却不可以了。新建的桥面有两层，下面的支持层是用于铁路的钢桥面，上面一层的混凝土桥面用于公路交通以缓解老公路桥的交通压力。这一改建工程在 1980 年全部完成。

92. 蒸汽机

乔治·亨利·科利斯 ——普罗维登斯，美国 ——1849年

旋转阀门极大程度提高了固定蒸汽发动机的热效率，使其比水力驱动更经济。制造业对蒸汽机的使用不再受附近是否有流动水或磨坊水池的限制。

乔治·亨利·科利斯（1817—1888）引入带有可变气门的独立旋转阀门，改进了蒸汽机的工作方式。他发明了一种阀门允许蒸汽向活塞两侧快速的加压，在蒸汽凝结前来回移动活塞，避免从发动机中吸收热量，使发动机减速，而导致发动机失去动力。

1849年3月，科利斯的阀门装置获得了专利。它描述了一种立式缸梁发动机，在气门的每一端都有独立的滑动阀门用于进气与排气。它还覆盖一个肘板，将阀门移动从单一的偏心位转移到四个发动机的阀门上，并且使用带有可变截止阀的切断阀。他的发动机比使用蒸汽截止阀的发动机节省30%左右的燃料。科利斯的第一台发动机每个气

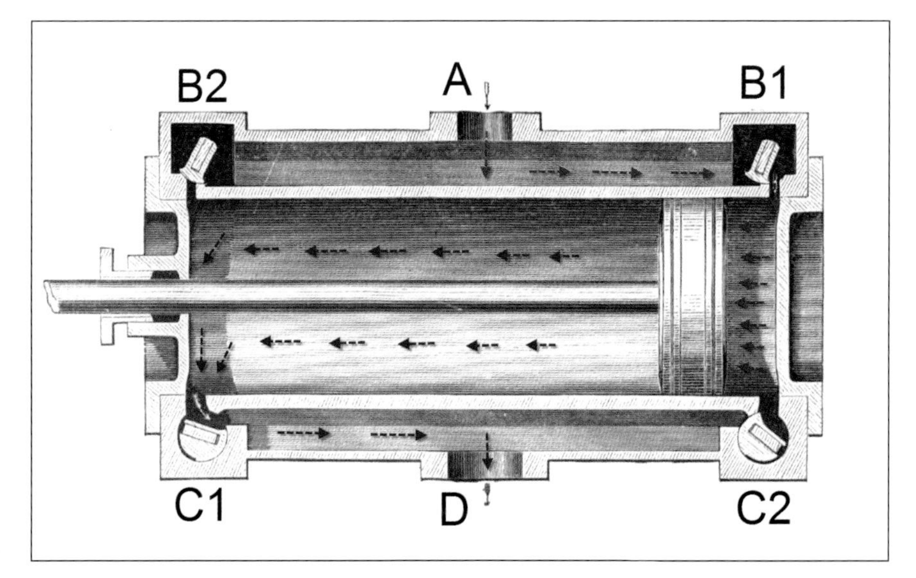

乔治·亨利·科利斯是另一位获得“美国詹姆斯·瓦特”绰号的人。他极大程度提高了蒸汽技术的效率和机械细节。这是一张讲解科利斯阀门装置的图，绘制了高气压蒸汽（红色）和低气压蒸汽（蓝色）在气缸中的运动。随着活塞每一个冲程，四个阀门交替打开和闭合，推动活塞来回运动。

马贝拉/维基共享（CC0）

科利斯蒸汽发动机。陈列于罗得岛东格林尼治的新英格兰无线和蒸汽博物馆。这是少量现存的 19 世纪 70 年代出产于科利斯普罗维登斯发动机制造厂的原始发动机。

维基共享

缸有四个独立的进气和排气阀门。他又添加了弹簧以加快阀门开合的速度，这意味着这些阀门可以被独立控制。这样可以节省蒸汽，也意味着气缸和阀门第一次不用因为持续剧烈的温度变化而损失效率。

科利斯的阀门装置提供更均匀的速度和对负荷变化更可靠的反应，这些特点使得它成为轻工业的理想选择。这种系统通常用在工厂里固定的发动机上，为滑轮、皮带和齿轮等传动系统提供机械动力。

由于处理纱线是非常精细的工作，科利斯装置运行速度平稳反应快速的优点在纺织工业受到格外青睐。这种专利阀门装置可以精确设置机器，而且它巨大的输出功率可以以不同比例同时驱动多个机器。这些机器可以根据需求连线或离线。

1876 年的费城百年博览会上，几乎所有的展品都由科利斯世纪发动机提供动力。科利斯世纪发动机被安放在机械大厅供人们参观，展台长 17 米，是当时最引人注目的展品之一。这台发动机是世界上最大的蒸汽机，可以输出 1400 马力。由铁和钢制成，高 14 米，飞轮直径 9 米，通过一条 8 千米长的皮带、轴和滑轮越过展览大厅驱动其他的机器。它最终卖给了芝加哥的普尔曼工厂，1910 年以每吨 8 美元的碎片价格被出售。

93. 索尔特工厂

泰特斯·索尔特 ——索尔泰尔，英格兰 ——1850 年

企业家泰特斯·索尔特不但建造了那个时代最大的纺织工厂之一，而且还监督建造了工业时代的一个重要“模范”社区索尔泰尔，现在这里已成为一个世界遗产保护区。

索尔特在1851年到1853年修建的索尔泰尔工厂建筑群被列为二类历史建筑。它由布拉德福德当地的洛克伍德－马森建筑事务所设计，建筑的工程师是威廉·费尔贝恩爵士（1789—1874）。建筑有一个很长的主立面朝南通向铁路。建筑师的最初设计被泰特斯·索尔特否决了，原因是“还没有需要的一半大”。建筑的外部是石头修建的，内部框架使用的是砖和铸铁，用以最大限度降低火灾风险。

彼得·沃勒

18世纪末到19世纪初，工厂工人的生活是很艰苦的，就像伊丽莎白·盖斯凯尔的第一部小说《玛丽·巴顿》（*Mary Barton*，1848年）中记录的那样，这本书中描写的是曼彻斯特工人的生活。尽管如此，有一些具有前瞻性的企业家也在试图改善工厂工人恶劣的生活和工作环境。其中的一位是来自新拉纳克的罗伯特·欧文（1771—1858），另一位则是来自约克郡纺织厂的泰特斯·索尔特（1803—1876）——1869年授封为子爵（泰特斯爵士）。1833年索尔特接管了他父亲在布拉德福德的生意，决定开始用羊驼毛织布，这项技术是他三年前在利物浦发现的，这之后公司迅速发展了起来。

19世纪40年代末的布拉德福德深受污染的困扰，索尔特决定建造一家新工厂，把他名下的所有业务都整合到一个地方。为了“不愿意

矗立在索尔泰尔罗伯特公园里的提图斯·索尔特爵士雕像。侧面板描绘了索尔特财富的来源——羊驼。他第一次接触到这种南美哺乳动物的毛是在 1836 年。尽管他并不是第一个试图使用羊驼毛的人，但是他对羊驼毛纤维的试验却成功带动了一种柔软光亮而又时尚的面料的发展。
提姆·格林

成为已经过度拥挤的城镇中的一员”，他在布拉德福德北部位于利兹至利物浦运河和米德兰铁路的旁边购置了一块土地。

这个巨大的工厂按平方米面积来讲是世界上最大的工业综合体，完工时同伦敦的圣保罗大教堂一样长，它的主旋压模长 165 米，除去地下室整个建筑有 5 层高。建筑师是布拉德福德本地的亨利·弗朗西斯·洛克伍德（1811—1878）和威廉·马森（1826—1889），机器安装则是由威廉·费尔拜恩（1789—1874）提供支持。1853 年 9 月 20 日工厂正式开工，这天也正好是索尔特的 50 岁生日。

随着工厂的建设，示范工业村的建设也开始了。受雇的工程师仍旧是洛克伍德和马森，他们设计了网格式的排屋，这些房屋的质量远远优于布拉德福德任何一家纺织厂。除了住房外，还建造了会众礼拜堂、学校、医院、研究所和收容所（但是没有酒吧），居民的生老病死都照顾到了。

像索尔特这样的企业家为工人提供良好的生活环境的动机不得而知。宗教信仰无疑起了一定作用，但是务实也是另一个原因，健康的劳动力很有可能更有生产力也更容易满足。

索尔特工厂被列为二类历史保护建筑，它一直从事生产到 1986 年。从那时起，它被修复用于许多其他用途，其中包括本地出生的艺术家大卫·霍克尼的画廊。整个的索尔泰尔建筑群被联合国教科文组织列入世界遗产名录。

位于索尔特工厂对面，通过一条步行路相连的是新工厂。建于 1868 年，它的烟囱是仿照意大利威尼斯圣方济会荣耀圣母玛利亚大教堂的钟楼建造的。 提姆·格林

94. 水晶宫

约瑟夫·帕克斯顿 ——伦敦，英格兰 ——1850—1851 年

水晶宫——专为 1851 万国工业博览会建造——是玻璃和钢结构设计的杰作，规模之大前所未有。作为一个临时建筑它为参展商提供了 92000 平方米的空间，它的长度为 564 米，高度 39 米。

1851 年举办的万国工业博览会旨在展示世界各地的最新产品，但是问题是没有合适的建筑可以承办。经过漫长而激烈的竞争，英国园艺界的杰出人物约瑟夫·帕克斯顿（1803—1865）从 245 个参赛者中脱颖而出，被选中进行设计和建造。1850 年 1 月万国工业博览会的筹备委员会成立，其中包括伊桑巴德·金德姆·布鲁内尔、罗伯特·斯蒂芬森、查尔斯·巴里、托马斯·莱弗顿·唐纳森、巴克卢公爵、埃尔斯米尔伯爵和威廉·库比特等著名人物。由于承办万国工业博览会的费用是以公债方式发行的，所以预算十分有限，而帕克斯顿的设计不但符合需求，而且是最便宜的。

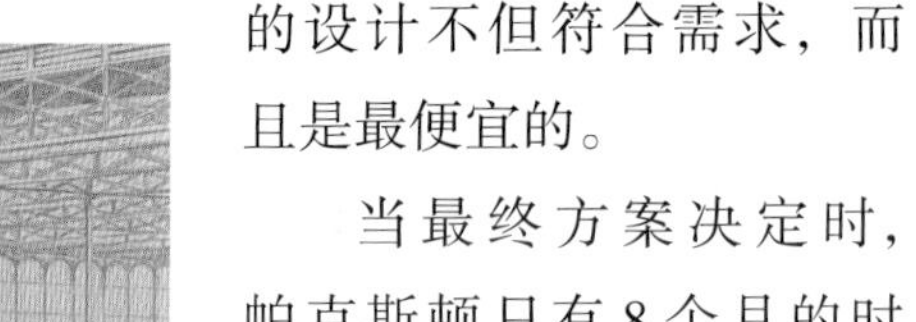

当最终方案决定时，帕克斯顿只有 8 个月的时间完成他的设计，制造出全部所需部件，并完成建造。他能在预计时间内完成建筑本身就是一项了不起的成就。不仅如此，他还需要做一些临时的改变，比如在建筑中间增加一个高的耳堂，以避免砍掉公众争论的焦点——橡树。

乔治·克鲁克申克眼中的 1851 年 5 月 1 日开幕式。坎特伯雷大主教约翰·伯德·萨姆纳正在祈祷。维多利亚女王陛下和阿尔伯特亲王殿下在观礼。维多利亚女王称之为“我们生活中最伟大最光荣的日子之一”。

议会图书馆

建筑坐落在伦敦的海德公园里，使用玻璃板、木材和铸铁，采用模块化的方式建造。尽管帕克斯顿的建筑方法是开创性的，但是真正令人惊叹的则是它的规模——整个建筑比圣保罗大教堂大三倍，占地七公顷。设计基于玻璃板的最大可造尺度——玻璃板由斯梅西斯的保斯公司制造，每一块的尺寸是 24.5 厘米宽、124.5 厘米长。这个建筑用同样大小的零件拼接而成，这样不但节约了大量的资金，还极大地缩短了施工时间。

狄金森的《1851—1854 万国工业博览会图片大全》中的插图。图中是从东北方看到的宏伟的水晶宫。

维基共享

材料的数量是令人震惊的。工程公司福克斯 - 亨德森有限公司使用了超过 1000 根铁柱来支撑 2224 根网格梁。为了排走雨水，开凿了 48 千米长的排水沟。在施工的高峰时期有超过 2000 人在工地工作。

万国工业博览会取得了巨大的成功，来自全球超过 14000 个参展商参展。游客们吃惊地发现整个建筑不需要照明，这是由于使用了大量的玻璃——这是使用玻璃最多的建筑。根据条款规定，这座建筑只是临时的，所以博览会后，该建筑被拆除后移到伦敦东南的西德纳姆重建直到 1936 年毁于大火。

95. 贝塞麦转炉

亨利·贝塞麦 ——谢菲尔德，英格兰 ——1850 年

制造商利用这个转炉可以通过熔化生铁大批量制造钢。

在亨利·贝塞麦（1813—1898）之前，将五吨铁转化成钢需要一天的时间，期间要不停地搅拌、加热和再加热。使用贝塞麦转炉则只需要 20 分钟。

贝塞麦的目标是改进钢用来制造高质量的武器用于当时的克里米亚战争。在那时钢只用于生产少量的餐具和一些工具，要用于火炮这

1850 年的贝塞麦转炉。现陈列在瑞典桑德维肯市霍博旧钢厂外。

扬·埃纳里 / 维基共享

样的大型物体则过于昂贵。

1855 年 1 月，贝塞麦开始在他的铜粉厂实验生产大量钢的方法。他用空气吹过铁水，然后再放在极热的环境下，他把这种方式生产的钢称为软钢。他把这种制造工艺的许可证卖给了四个铁匠，但是他们生产的产品存在问题。于是贝塞麦又把许可证买了回来，花费了上万英镑重新开始研究。他知道吹过铁的空气必须严格控制，既要把铁中的杂质吹走，又要在金属中留下足够的碳。可是他的许可证持有人没有一个可以达到上述要求，于是贝塞麦决定自己开一家钢厂。

1856 年，贝塞麦为他的转炉申请了专利，并且在英国科促会宣读了《论在无燃烧情况下生产可锻铸铁和钢》。

在英格兰的另一个地方，冶金学家罗伯特·穆什特（1811—1891）发现炼钢的方法是将所有的杂质和碳烧尽，然后在重新以镜面生铁的方式加入碳和锰。这是一种来自德国的可以吸收氧气的铁、锰和碳的化合物。它极大提高了钢的质量，特别是延展性方面。可惜，穆什特没有钱支付申请专利的费用，于是将这项技术转卖给了贝塞麦。

钢的第一次商业性生产是在 1858 年的谢菲尔德。贝塞麦在那里开设了一家钢厂，使用从瑞典进口来的木炭生铁和用于加热和熔化铁的巨大蛋形容器。

实际上，铁从转炉上方的一个孔倒入，转炉底部加热。当生铁熔化后，加压空气吹入，使铁氧化并去除所有杂质。这些空气以气体的方式溢出或形成熔渣。而后，在钢水浇铸模型前类似镜面生铁的附加物被加入。

贝塞麦的转炉通常成对操作：一个在吹空气时，另一个已经装满了。它们可以一次同时处理 30 吨生铁。另外，炼制过程中去除的杂质用来产生炼制所需要的热量，这意味着使用的煤就要少得多，从而极大程度上降低了生产钢的成本。

96. 皮下注射器

亚历山大·伍德 ——爱丁堡，苏格兰 ——1853 年

亚历山大·伍德率先使用皮下注射针和注射器注射静脉用药物。

早在古罗马之前就有了类似的皮下注射针，将灌肠剂之类的药物注入人体内。但是最重大的突破发生在 19 世纪。亚历山大·伍德（1817—1884）是一位苏格兰学者和爱丁堡的医生，他发明了第一支皮下注射针（这个新名词的字面意思是“在皮肤下”）。这种针带有中空管和真正的注射器，据说灵感来自蜜蜂的螫针。他最早研制的目的是用于注射吗啡和鸦片。1853 年，伍德为第一位患者注射了液态吗啡以缓解疼痛。1855 年他在《爱丁堡医学和外科杂志》（*The Edinburgh Medical and Surgical Journal*）上发表了一篇题为“通过痛点直接使用鸦片类制剂治疗神经痛的新方法”的文章，描述了整个过程。

与此同时，法国里昂的兽医查尔斯·普拉瓦兹（1791—1853）设

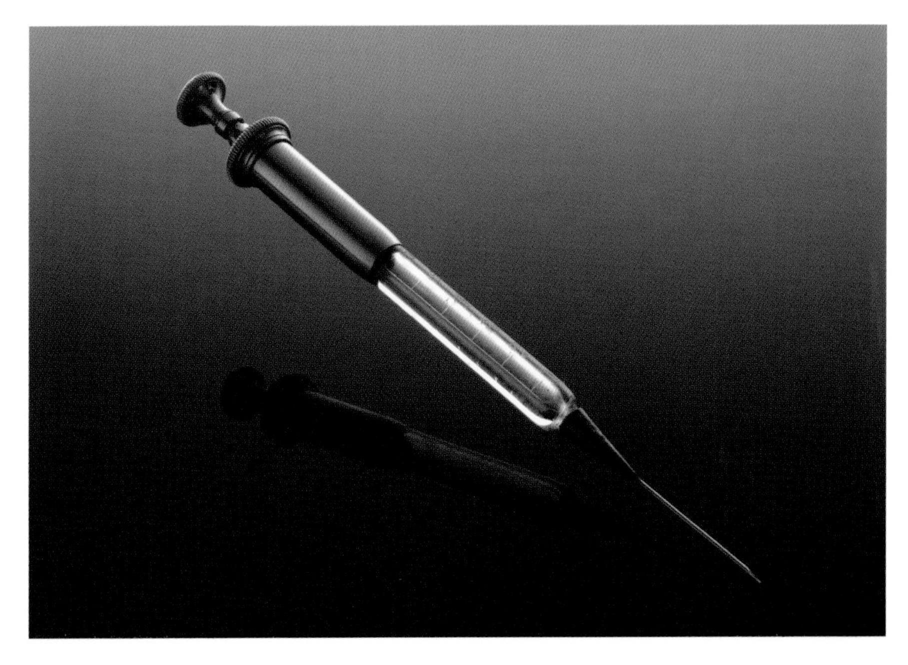

1860 年的一支英国注射器。由伦敦专业医疗仪器制造商考克斯特家族设计。

科学博物馆，韦尔科姆收藏馆

计了一种类似手枪的注射器，这种注射器以发明人普拉瓦兹命名，广泛地应用于医疗领域。两位发明家都用金属筒作为注射器连接一个细的中空金属针。1866 年开始采用玻璃制作注射器，这样在注射时就可以清楚地知道注射的剂量。不幸的是，很多年人们都不知道注射需要消毒，也不知道疾病会在患者之间传播的可能。未消毒的针头导致很多使用者皮肤脓肿。

伍德使用伦敦仪器制造商丹尼尔·佛格森制作的注射器。这种注射器配备一个活塞和窄的中空针头，旋转外管对准针孔，活塞就可以将药物通过针头输入患者体内。

早期，皮下注射主要用于注射吗啡（一种从鸦片中分离出的变体，1803 年在德国合成），特别是用于治疗美国内战期间的伤兵。因为吗啡可以瞬间缓解疼痛，它在战斗人员中非常受欢迎，导致很多人使用吗啡成瘾。一些士兵的亲人也用吗啡来缓解失去亲人的痛苦，同样造成很多人成瘾。在 19 世纪下半叶，医生认为注射吗啡因为不经过胃部等消化系统不会成瘾，因此认为吗啡成瘾是不可能的（当然是错误的）。很多医生质疑注射药物的有效性，所以直到 19 世纪末，注射器才开始被广泛使用，但是在当时能够用于注射的药物还很少。

在当时的美国，人们可以通过邮购购买注射器，甚至有些女士随身携带注射器被认为是一种时尚的行为。

97. 伊莎贝拉夫人水车

罗伯特·凯斯门特 ——马恩岛，英国 ——1854 年

这是古代与现代技术相结合的产物，是迈向现代水轮机的重要一步。

这张照片充分显示了伊莎贝拉夫人水车的巨大尺寸。它耗时四年完工，几乎马上成为了马恩岛的象征和重要的旅游景点。

莱布斯特 1/ 维基共享（CC BY-SA 3.0）

19世纪的马恩岛拥有庞大的采矿系统，富含银、锌、铅和铜等矿产，但是却没有煤矿。矿井越往下，底层的积水就会越多，这需要现代的蒸汽机系统将水泵出，但是当地没有煤作为蒸汽机燃料（引进煤成本太昂贵），矿主们必须找到替代的解决方法。自学成才的工程师罗伯特·凯斯门特（1815—1891）面对这个困难，找到了将古老技术与现代最新技术相结合的方法。他设计了一个引水系统将格伦穆尔附近山坡上丰富的溪流汇集到水轮上方的一个大蓄水池中。从这里水由管道通过一座桥引入水轮上面的塔。而后水从塔中依次落入 192 个固定在水轮边缘的板条木桶中，每个木桶可以盛水 11 升，而木桶的重量使得水轮转动起来。

经过四年的建造，重达 70 吨的水轮在 1854 年投入运行。它以当时马恩岛副总督的夫人伊莎贝拉·霍普的名字命名。人们也称它为拉克西水车，这个别名来自它服务的村庄。

水轮被安置在一栋巨大的石头建筑中，直径 22.1 米，周长 70 米，厚 1.83 米。传统上被漆成明亮的红色。

每分钟旋转三圈，由木制的轮和轴以及铸铁的机械部件组成。

水车的曲轴行程是 1.22 米，与一个配重和一根很长的杆相连，这根杆在小轮上运动以减少摩擦。一根密闭的管道将水运至水轮的顶部，这样塔中的水就会在反虹吸的作用下达到塔顶。塔中的水落入木桶中使得水桶向后倾斜或水轮反向旋转。水进入泵井，这里 2.44 米的冲程通过 T 型摇臂转化成 183 米外的泵送运动。水泵可以在一分钟内从 457 米以下的地下提升 142 升水。抽出的水被排放到拉克西河。

矿场在顶峰时期雇用了超过 600 名矿工，但它在 1929 年被关闭。

伊莎贝拉夫人水车的早期照片，拍摄于 1890 年到 1910 年。在那时，水车一直在持续工作，从当地的许多矿井中抽水。

爱尔兰国家公共图书馆 / 维基共享

98. 跨大西洋电缆

塞勒斯 · 韦斯特 · 菲尔德　——爱尔兰到加拿大　——1858 年

1858 年，当第一条跨大西洋电缆开始工作时，整个世界都变小了。在此之前，消息只能通过船只达到遥远的对岸，而这至少要花费 10 天。

1861 年手工着色的平版印刷画，描绘了美国的“尼亚加拉号”和英国皇家海军舰艇“阿伽门农号”开始铺设电缆的场景。清晰可见“尼亚加拉号”船尾的纺线机正在将电缆放入大海。　　议会图书馆

1850 年，在英国和法国之间铺设了一条可供电报使用的电缆。很快一项连接新旧世界的工程启动了。这项工程的领头人之一是美国企业家和金融家塞勒斯 · 韦斯特 · 菲尔德（1819—1892）。根据提议决定铺设一条从西爱尔兰到纽芬兰东部的电缆，并且对相应的海底进行了调查。大西洋电报公司通过发售股票的方式为项目集资。为了成功铺设跨大西洋电缆，菲尔德先后进行了四次尝试——一次是在 1857 年，两次在 1858 年，另外一次在 1865 年——直到解决了技术上的问题，他才在 1866 年最终铺设成功。

1858 年 6 月，菲尔德尝试使用军舰改造的英国皇家海军“阿伽门农号”和美国的“尼亚加拉号”铺设电缆。根据计划，每艘船携带一半电缆分别从两岸出发，在大西洋中部汇合后将两段电缆拼接在一起。电缆在第一天就断开了。修好的电缆又在深海断开，于是这次尝试被放弃了。

1858 年 7 月，“阿伽门农号”“勇敢号”“尼亚加拉号”和“戈尔贡号”在大洋中进行

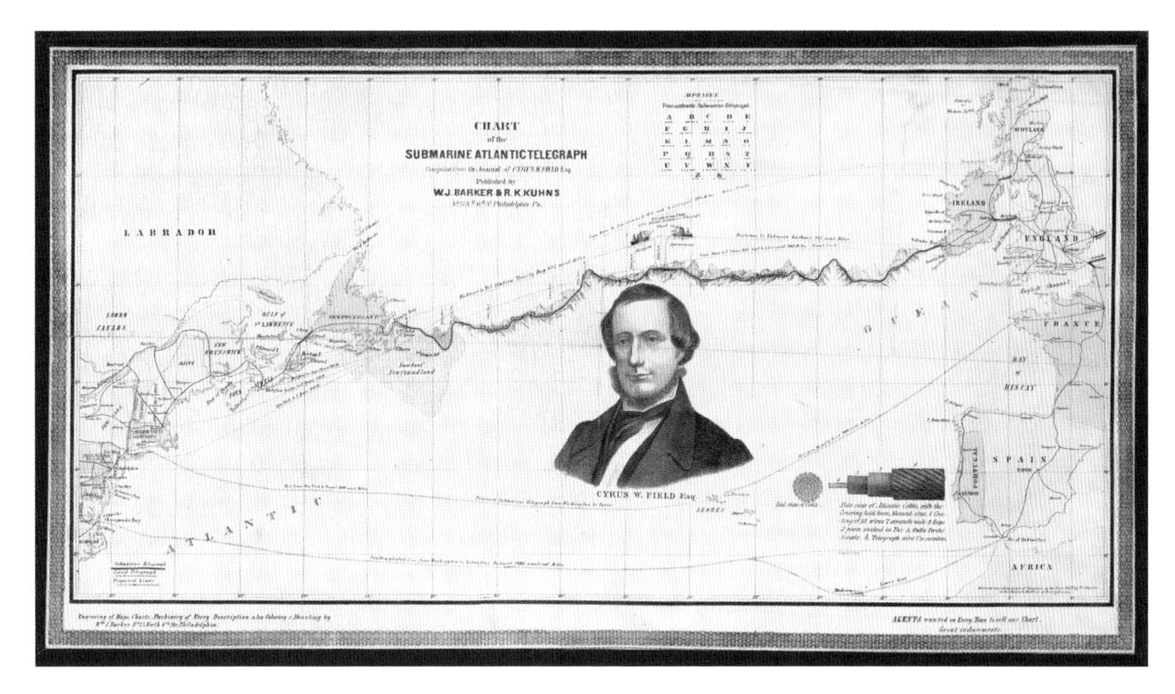

这是一张跨大西洋电缆路径的示意图。图中还显示了两条提议的新电缆线路，一条从华盛顿到巴黎，另一条从华盛顿到直布罗陀。这幅图由宾夕法尼亚州东区的 W.J. 巴克于 1858 年出版。第一封电报是大西洋电报公司在大西洋两岸的董事之间发出的贺电。第二份则是由维多利亚女王发给美国总统詹姆斯・布坎南的贺电（她的贺电总共 98 个单词，发出用了 16 个小时）。

议会图书馆

了第三次尝试。“阿伽门农号”和“勇敢号”向东铺设电缆，“尼亚加拉号”和“戈尔贡号”向西铺设。电缆由包裹 3 层古塔胶（一种坚硬的天然橡胶）的 7 根铜线组成，电缆的连接处缠绕油麻布并且包裹由 18 根铁丝编制成的螺旋网。这一次电缆仅使用了几周，但是也充分证明了这种方法是可行的。但是电缆的质量恶化得很迅速，通信速度变得越来越慢，到了 9 月中旬就彻底中断了。

1866 年，“大东方号”在瓦伦西亚岛和纽芬兰的三一湾之间成功铺设了第一条横跨大西洋的永久电缆。这一次的电缆由 7 根涂有查特顿复合物（一种绝缘、有黏性的防水复合物）的纯铜线绞合而成，包裹 4 层古塔胶，每层之间填充黏性复合物，然后覆盖防腐剂浸泡透的麻布，外面是由 18 根高强度钢丝编织的螺旋形网。最后包裹浸泡防腐剂的马尼拉纱。总共 250 个工人辛勤劳动了八个月才铺设好这条长达 48280 千米的电缆。它的重量几乎是之前电缆的两倍，花费了五个月的时间才装上“大东方号”。

99. 苏伊士运河

费迪南德·德·雷赛布 ——埃及 ——1859—1869年

这是一张1976年绘制的苏伊士运河地图。图中可以看到横穿非洲的苏伊士运河从地中海到苏伊士湾最后到达红海经历了很多浅水湖。其中绿色的非军事区已经不复存在。

议会图书馆

苏伊士运河的开通使得世界贸易迅速发展。仅仅几年的时间，运河对贸易产生了巨大的影响。这也方便了欧洲对非洲的殖民统治。

苏伊士运河的修建是为了通过苏伊士地峡连接地中海和红海，这条通路长161千米，其中三分之二是浅水湖。运河的开凿是为了减少海上航行时间并且提高大西洋与印度洋之间的航海安全，其中缩短航程6920千米。

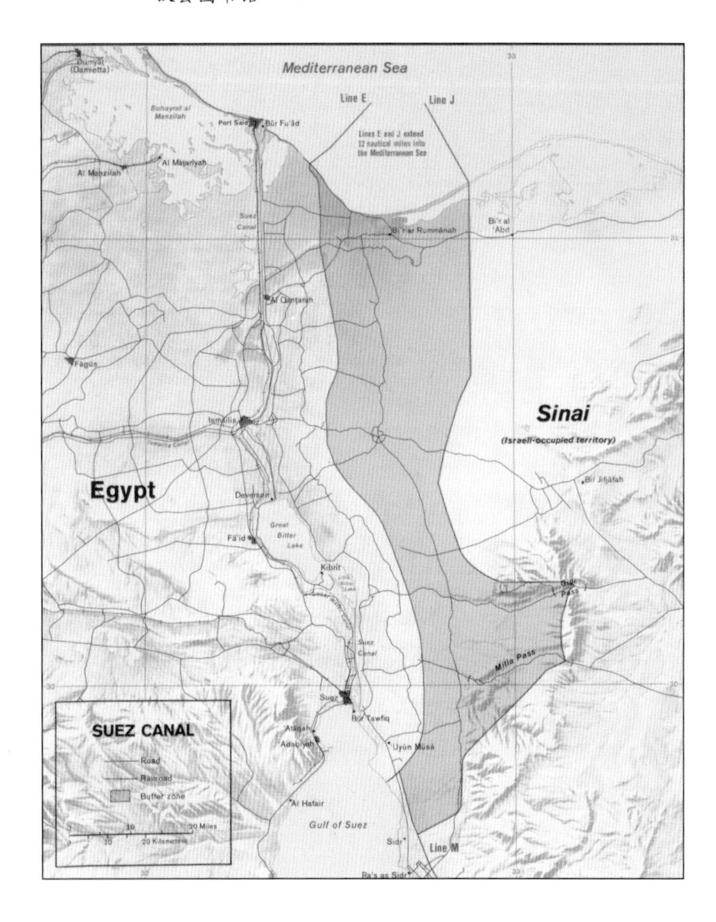

古时就曾有人试图挖掘运河将红海和地中海相连。拿破仑皇帝为了法国曾考虑修建运河，直到由于工程费用问题而搁置。1854年，曾经的法国驻开罗领事费迪南德·德·雷赛布（1805—1895）与埃及的奥斯曼总督达成了开凿运河的协议。经过广泛的调查和分析，一个国际工程师团队给出了施工方案，苏伊士运河公司在1858年12月成立。工程的预计成本是两亿法郎（完成时是预计成本的两倍）。1859年4月在未来的赛义德港挖掘工程开始。

开凿运河花了10年的时间，挖掘的大部分都是沙土，也有一些是坚硬的石头。总共有来自不同国家的近三万工人参与工程，很多人在施工期间死于霍乱和其他疾病。英

1914 年由威廉·亨利·古德伊尔拍摄的苏伊士运河幻灯片。那时运河已经拓宽允许更大船只通行，从而改善了运河的交通水平。

议会图书馆

国政府从没有批准这一项目，他们担心运河的开凿会为其他的欧洲竞争者提供前往印度的便利方式。由于最初部分劳动力是从埃及招募的，这在一段时间内给了英国政府干扰和阻止工程的借口。不过，工程还是得以恢复，大部分的经济支持来源于法国，而英国最终也参与到了这个项目中。

运河的第一段在 1869 年 11 月 17 日开通，比计划晚了 4 年，当保护栏被打开时，海水从地中海通过运河涌入了红海。随后举行了 6000 人参加的盛大庆祝活动。埃及和苏丹总督主持了一场精心编排的开幕式，陪同参加的还有乘坐皇家游轮“艾格尔号”的法国皇后欧也妮。第二艘在运河实现航行的船只是英国的邮轮“三角洲号”。

最初的运河底部宽 22 米，表面宽度在 60 米到 90 米，仅 7.5 米深。

由于财政方面的困难，运河直到 1871 年才全部完成，而且在最初的几年航行的船只也不多。在第一年只有不到 500 只船在运河上行驶，大部分还都是英国船只。1876 年，法国政府决定对运河进行加宽和加深。

1882 年英国取得了对苏伊士运河的控制权。当时英国首相本杰明·迪斯雷利以 400 万英镑收购了新奥斯曼帝国埃及总督手中的股票，成为了最大的股东。1888 年，君士坦丁堡公约宣布苏伊士运河为中立地区，受当时占领埃及和苏丹的英国政府保护。

苏伊士运河上航行的蒸汽客船。19 世纪末，乘船沿运河的休闲游在勇敢的旅行者中非常流行。

100. 皇家阿尔伯特桥

伊桑巴德·金德姆·布鲁内尔　——德文郡－康沃尔郡，英格兰

——1859 年

多谋善变的伊桑巴德·金德姆·布鲁内尔可以说是维多利亚时期最具有创新精神的工程师。位于索尔塔什横跨塔马河的皇家阿尔伯特桥是他最后的也是最杰出的作品。

提起维多利亚时期的众多与工程学相关的伟大名字，没有哪一个如伊桑巴德·金德姆·布鲁内尔那般多谋善变。他的名字和他最后的一个伟大杰作：连接德文郡与康沃尔郡横跨塔马河的索尔塔什铁路桥永远镌刻在了一起。出生在普利茅斯的伊桑巴德·金德姆·布鲁内尔是法国工程师马克·伊桑巴德·布鲁内尔（1769—1849）和英国妇人索菲娅·金德姆（1775—1855）的儿子，他不仅仅是个开拓者，还是一位喜欢标新立异的人。他为自己的铁路选择了 7.025 英尺的宽轨，这与当时惯用的窄轨（4.85 英尺）背道而驰。为此英国政府还不得不在 1845 年成立了皇家铁路轨距委员会专门决定哪个尺寸应该成为国家标

从东北方向索尔塔什眺望，布鲁内尔的皇家阿尔伯特桥的规模显而易见。同许多其他桥梁一样——比如那些横跨梅奈海峡的桥——桥梁结构的设计很大程度上依赖海军部的要求，即桥下有足够高的空间，即使在涨潮期间，皇家海军的舰队也可安全通过。　议会图书馆

从塔马河的康沃尔郡河畔看去，皇家阿尔伯特桥上的单一铁路清晰可见。主桥头上镌刻着“伊桑巴德·金德姆·布鲁内尔工程师1859”的字样。

柯林斯收藏／在线运输档案

准轨距。随后在1846年颁布了法令规定在大不列颠应使用4.85英尺作为标准轨距，在爱尔兰则使用5.3英尺。尽管大西部铁路——布鲁内尔的铁路主干线连接伦敦与布里斯托尔和西南部——允许继续铺设和使用宽轨，但是操作的实际需要导致了宽轨最终被取消，1892年最后一部分7.025英尺的铁轨被改成了标准轨距。

要将铁路延从德文郡延伸到康沃尔郡，布鲁内尔面临不少挑战。首先，1846年的法案在授权修建铁路的同时规定要建造一座铁路桥用于代替现有的渡轮，这就意味着布鲁内尔的铁路必须跨越塔马河。其次建造的桥梁还必须满足海军部的要求，德文港的海军基地不得因此受到不利的影响。

为了满足海军部的要求，当地的地理环境以及铁路缺乏资金的境况，这座被称为皇家阿尔伯特桥的高架桥的设计曾经历过多次改进。桥的最终结构是围绕河中心的桥墩建造的，中心桥墩两侧各有一个跨度139米的主桥，西侧的辅桥由10个小跨度桥面组成，东侧辅桥由7个小跨度桥面组成。布鲁内尔最初想将两个主桥面吊起来，但是由于缺乏安全地固定张力索的方法，转而选择使用两个自支撑桁架。最初的计划是可以容纳两轨并行的，最后决定只建造一条铁轨，这样又为捉襟见肘的铁路建造节省了10万英镑的开支。

为了在塔马河中间建造中心桥墩，布鲁内尔借鉴了当年他父亲开凿泰晤士河隧道（见第130页，62. 泰晤士河隧道）的经验。首先建造一个高25.9米、直径11.25米的圆柱体。让这个圆柱体漂浮到河的中间

从林赫尔河河口眺望皇家阿尔伯特桥。桥后面是搭载 A38 的塔马吊桥。1962 年开通，在 1999 年到 2002 年被拓宽和加固。

作者收藏

后下沉，成为一个围堰。封闭顶端后向内压入空气将水排出，这样一次最多可容纳 40 人进行挖掘河泥和河底基岩的工作，为建造牢固的地基提供保障。两个弓弦形的桁架先在别处生产完成然后再漂浮到预定位置，使用液压泵逐步将桁架提升到海拔 30.5 米的最终高度。1857 年 9 月 1 日开始架设第一条桁架，1858 年 7 月 1 日达到最终高度。1858 年 7 月 10 日开始第二条桁架的架设。1859 年 4 月 11 日对竣工的铁路桥进行了第一次测试，1859 年 5 月 2 日正式开通。

尽管大桥胜利完工，但是建造大桥以及他从事的其他工作使布鲁内尔的健康每况愈下。布鲁内尔没能去参加大桥的开通典礼，四个月后，他于 1859 年 9 月 5 日与世长辞。